KB028944

# 우연과 과학이 만나 놀라운 순간

라파엘 슈브리에 지음
손윤지 옮김

북스힐

CA ALORS! HISTOIRE DE CES DECOUVERTES QUE L'ON N'ATTENDAIT PAS
Raphaël Chevrier



우연과 과학이 만난 놀라운 순간

초판 인쇄 | 2019년 11월 20일
초판 발행 | 2019년 11월 25일

지은이 | 라파엘 슈브리에
옮긴이 | 손윤지
펴낸이 | 조승식
펴낸곳 | (주)도서출판 북스힐
등록 | 1998년 7월 28일 제22-457호
주소 | 01043 서울시 강북구 한천로 153길 17
전화 | 02-994-0071
팩스 | 02-994-0073
홈페이지 | www.bookshill.com
이메일 | bookshill@bookshill.com

ISBN 979-11-5971-236-4
정가 13,000원

* 잘못된 책은 구입하신 서점에서 교환해 드립니다.

세렌디피티가 만나게 해준
나의 두 R에게

"과학에서 새로운 발견을 알리는 가장 흥분되는 표현은
'유레카!'가 아니라 '거참, 재미있군!'이다."
– 아이작 애시모브 Isaac Asimov

# 들어가는 말

1854년 12월 7일, 프랑스 두에 대학교 문과대학과 릴 대학교 자연과학대학 학장으로 임명된 루이 파스퇴르Louis Pasteur는 학과 개설 행사에서 낭독할 연설문 준비에 한창이었다. 당시 그의 나이는 겨우 서른두 살이었다. 그가 남긴 가장 위대한 업적 중 하나인 광견병 백신을 개발하기 훨씬 전이었지만, 파스퇴르는 이미 분자의 비대칭성에 대한 연구로 이름이 널리 알려져 있었다. 존경 어린 눈빛으로 자신을 바라보는 학생들과 당대 저명한 학자들, 각 지역 최고 권위자들 앞에서, 파스퇴르는 연구의 개념에 대한 생각이 담긴 연설을 시작했다.

> 이론적인 발견은 단지 존재할 뿐입니다. 연구에 대한 열망을 깨워주지만 그게 전부입니다. 그러나 이론적 발견이 더 발전되고 확장될 수 있도록 해보세요. 어떤 잠재력을 갖고 있는지 지켜보세요. (…) 여러분, 과학이 만들어낸 눈부신 발명품 중 하나인 이 전신기가 처음 세상에 모습을 드러낸 것이 언제인지 아십니까? 1822년, 바로 덴마크의 물리학자 외르스테드Örsted가 볼타전지의 양쪽 끝을 잇는

구리선을 손에 쥐었을 때입니다. 바로 그 순간 우연히, 하지만 우연이란 언제나 준비된 자에게만 미소 짓듯, 외르스테드는 탁자 위에 놓인 북쪽을 가리키는 나침반의 바늘이 지구 자기장과 전혀 상관없는 방향으로 움직이는 것을 발견했습니다. 구리선에 전류가 흐르면서 바늘의 방향을 바꿔버린 것이죠. 자, 여러분, 이 우연한 사건으로 혁신적인 발명품, 전신기가 탄생했습니다.

미생물학의 아버지 파스퇴르의 이야기에 따르면, 각기 다른 모든 상황은 고유하며, 과학 연구에서 발생하는 행운, 우연, 예기치 못한 사건들이 지닌 가능성은 무한하다. 여기서 우리는 우연의 의미에 대해 생각해볼 수 있다. 과연 우연이라는 개념에는 과학적 의미가 담겨 있을까? 아니면 그저 의도하지 않은 개별적인 상황을 설명하는 것에 그칠 뿐일까? 18세기 프랑스의 계몽사상가 볼테르Voltaire는 『키케로에게 보내는 메미우스의 편지』에서 우연의 의미를 이렇게 설명했다. "우연이란 아무것도 아니다. 아니, 우연이란 없다. 그것은 알 수 없는 원인에서 비롯된 결과를 말하기 위해 만들어낸 것일 뿐이다. 원인이 없는 결과가 있을 수 있는가? 존재 이유 없이 존재하는 것은 없다. 모든 철학적 사유는 여기서부터 시작된다."

파스퇴르의 말처럼, 어떤 과학적 발견들이 의도된 것이 아니라 예상하지 못한 뜻밖의 사건이었다면, 과연 그것들이 세계가 발전하는데 미친 영향에 대해 살펴봐야 한다. 과연 인류는 현재의 기술과 지식 수준에 도달할 운명이었을까? 사소한 우연은 지금과 전혀 다른 방향으로 인류를 인도할 수도 있지 않았을까? 인생에서 가끔 마주치는 여러 기회와 사건들이 우리를 다른 길로 향하도록 바꾼 것처럼 말이다.

우연의 개념은 분명한 것 같으면서도 모호하다. 실제로 '우연'은 '세렌디피티serendipity'라는 다소 생소한 이름으로 불린다. 발음하기에도 어려운 이 용어는 영국에서 유래했다. 18세기 중반, 영국의 정치가이자 대문학가였던 호러스 월폴Horace Walpole이 처음 사용했다. 예술과 미학에 푹 빠져 살던 그는 친구 호러스 만에게 편지 한 통을 보냈다, 베네치아의 귀족인 카펠로 가문의 문양에서 발견한 무언가에 관한 내용이었다. 사실 월폴의 발견 자체는 그다지 중요하지 않았다. 하지만 발견 과정이 꽤 흥미로웠다. 『세렌딥의 세 왕자』라는 '재미있는' 이야기 한 편을 예로 들어 편지에 적었고, 발견 과정을 '세렌디피티'라는 용어로 설명했다. 이야기 속에 등장하는 명민하고 통찰력 있는 주인공들은 그들이 전혀 예상하지 못했던 것들을 모두 '우연히' 발견한다. 그것들을 통해 주인공들은 직접 보지 못한 순간을 아주 정확하고 세밀하게 설명해낸다. 월폴이 말한 이 이야기는 페르시아의 시인 아미르 호스로 델라비Amir Khosrow Dehlavi가 1302년에 쓴 단편집 『여덟 개의 천국』에서도 등장한다.

> 옛날에, 세렌딥(고대 페르시아, 스리랑카의 옛 이름)의 왕이 살고 있었습니다. 왕에게는 똑똑하고 건강한 세 명의 왕자가 있었는데, 세 왕자

는 모두 왕의 자리를 물려받지 않겠다고 했습니다. 결국 왕자들은 왕국에서 쫓겨났습니다.

왕자들은 멋진 것들을 찾아 이곳저곳 돌아다니며 모험을 시작했습니다. 그러던 어느 날 길에서 낙타의 발자국을 발견했습니다. 첫째 왕자는 낙타 발자국 왼쪽에 있는 풀은 뜯어먹은 흔적이 있는 반면, 오른쪽에 있는 풀은 아무런 흔적도 없다는 것을 발견하고는 낙타의 오른쪽 눈이 보이지 않을 것이라고 생각했습니다. 둘째 왕자는 왼쪽 길의 풀에 남아 있는 뜯긴 자국을 보고 낙타의 치아 크기를 상상하며 낙타의 이빨 하나가 없다는 것을 알아차렸습니다. 마지막으로, 셋째 왕자는 발자국이 파인 깊이를 보고 낙타가 다리를 절 것이라고 생각했습니다.

한참을 걷던 왕자들은 한쪽에서 식량을 옮기는 개미 행렬을 발견했습니다. 그 반대편에는 꿀벌, 파리, 말벌 떼가 투명하고 끈적끈적한 물질 주위에 몰려 있었습니다. 그래서 왕자들은 낙타가 한쪽에는 버터를, 다른 한쪽에는 꿀을 싣고 있을 것이라고 생각했습니다. 한편 둘째 왕자는 누군가 웅크려 앉아 있었던 흔적과 함께, 축축한 진흙땅 위에 얕게 파인 발자국을 발견했습니다. 그 위에 손을 갖다 댄 순간 가슴에서 두근거림이 느껴져, 마침내 낙타의 등에 남자가 아닌 여자가 타고 있었다고 확신했습니다. 셋째 왕자는 그녀가 자리에서 일어서면서 손으로 땅을 짚은 흔적을 보고, 여자가 임신했다는 사실을 추론해냈습니다.

그 후 세 왕자는 낙타를 잃고 길을 헤매는 남자를 만났습니다. 오는 길에 이미 많은 증거를 발견했던 만큼, 농담처럼 남자에게 그 낙타를 보았다고 주장했습니다. 그가 자신들의 말을 더 신뢰할 수 있도록 낙타의 일곱 가지 특징을 늘어놓았습니다. 놀랍게도 왕자들의 이야기는 전부 사실과 일치했습니다.

세 왕자는 낙타를 훔친 도둑으로 몰려 감옥에 갇혔고, 어느 작은 시골 마을에서 낙타가 다시 발견된 후에야 풀려났습니다. 그 후로도 수많은 모험을 한 세 왕자는 아버지의 자리를 물려받기 위해 세렌딥 왕국으로 돌아왔습니다.

월폴은 편지에 이렇게 적었다. "자네가 발견하고자 하는 그 어떤 것도 이 이야기 같을 순 없을 걸세."

한 세기가 넘는 동안 '세렌디피티'는 월폴의 편지에 적힌 채 책상 서랍 깊은 곳에 잠들어 있었다. 그러다 1880년 영국의 고가구상이던 에드워드 솔리Edward Solly가 남긴 다음의 설명과 함께 영국 옥스퍼드 사전에 등재되었다. "세렌디피티란 호러스 월폴의 이야기처럼 아무것도 찾지 못하던 학자가 몇 주 지난 어느 날 갑자기 발견하는 것, 즉 운 좋게 우연히 뜻밖의 무언가를 발견하는 것이다."

1940년대부터 세렌디피티의 개념은 과학 분야에서 언급되기 시작했다. 미국 하버드 대학의 생리학 교수 월터 브래드퍼드 캐넌Walter Bradford Cannon은 1945년에 출판한 『연구자의 길』에서 세렌디피티의 현대적 개념을 "뜻밖의 방식으로 가설의 증거를 찾아내거나, 새로운 사물이나 인과관계를 의도한 것이 아닌데도 우연히 발견하게 되는 능력 또는 행운"이라고 정의했다.

프랑스에서 세렌디피티라는 말은 아주 흔하게 사용되는 것이 아니다. 네덜란드 의학자 펙 판 안덜Pek Van Andel과 프랑스 국립과학연구원 명예교수 다니엘 부르시에Danièle Bourcier는 2008년에 『과학, 기술, 예술, 법 분야에서의 세렌디피티』라는 책을 출판했다. 예상치 못한 실수나 우연으로 탄생한 창의적이고 혁신적인 결과에 관한 내용이었다. 세렌디피티 연구 분야의 선구자라고 할 수 있는 두 학자는 미국의 사회학자 로버트 머튼Robert K. Merton이 1951년 『사회이론과 사회구조』에서 말한 세렌디피티의 완벽한 다음 정의를 바탕으로 했다.

> 세렌디피티란 새로운 이론을 탄생시키거나 기존 이론을 더 확장시킬 수 있는 예상치 못한 발견이며, 모순적인 상황에서 오히려 중요한 정보를 얻게 된다는 특징이 있다. (…) 어떤 가설을 검증하려는 시도는 뜻밖에도 현재의 연구에서 벗어난 낯선 이론에서 비롯된 우연한 발견으로 이어진다. (…) 이때 관찰되는 결과는 이미 확립된 이론이나 일반적인 사실에 부합하지 않기 때문에 비정상적이면서도 놀라운 것처럼 보인다. 모순은 언제나 궁금증을 유발하기 마련이다. 과학자는 두 눈으로 목격한 사실에서 의미를 찾기 시작하고, 이 사실을 설명할 수 있는 상위 이론을 추론하기 시작한다. (…) 다시 말해, 과학자의 우연한 발견이 기존 이론을 뒤집을 만큼 매우 중요한 것이라면, 발견 내용보다 발견하게 된 과정 자체에 더 주목할 수밖에 없다. 왜냐하면 우연히 발견한 개별적 사건에서 보편성을 이

끌어내기 위해서는 이론적인 접근과 과학적 사고력을 발휘해야만 하기 때문이다.

세렌디피티는 다양한 모습을 지니고 있다. 어떤 이론으로도 설명하거나 묘사할 수 없는 예측 불가능한 불가사의한 발견, 이미 확립된 이론과 완전히 모순되는 발견, 불가사의한 것도 모순되는 것도 아니지만 기존 이론에는 속하지 않는 새로운 발견 등으로 나타난다.

따라서 세렌디피티로 설명할 수 있는 현상은 무수히 많고 그 과정도 다양하다. 무언가 탐구하기 위해 엄격하게 통제된 조건에서, 발견하고자 했던 것을 예상하지 못한 순간 우연히 발견할 수도 있고, 의도와 달리 전혀 새로운 것을 발견할 수도 있다.

이 책에 등장하는 이야기들은 모두 기초 및 응용과학 분야의 발전에 지대한 공헌을 한 위대하고도 놀라운, 뜻밖의 발견들이다. '우연'이 탄생시킨 과학사의 중요한 발견들에는 모두 세렌디피티라는 공통된 주제가 담겨 있다. 빅뱅 이론을 입증할 수 있는 결정적 단서는 물론, 유전자 물질, 방사선, 미생물, LSD, 다이너마이트, 전자레인지의 탄생, 그리고 비아그라의 예상치 못한 효능까지……. 그 이면에는 우리가 일상에서 경험하는 기이한 현상에 대한 그 어떤 이론적인 설명보다, 우리가 운명이라고 믿는 것보다 훨씬 더 신기한 이야기들이 숨겨져 있다. 과학과 지식의 발전이 아직은 초기 단계에 머물러 있던 그때로, 그러나 지금으로부터 그리 멀지 않은 시대로 함께 떠나보자!

요즘처럼 인터넷에서 몇 번의 클릭만으로도 모든 질문에 대한 답을 찾을 수 있는 시대에는 '이해할 수 없다'는 말이 다소 낯설지도 모른다. 하지만 각 분야 전문가와 학자들은 완벽하게 정립된 이론과 조건하에서 연구하기 마련이다. 그래서 기존 이론과 상충하는 예상치 못한 의외의 결과 앞에서 어떻게 해야 할지 판단하기란 매우 복잡하다.

## 차례

# 안톤 판 레이우엔훅

1632~1723

## 그 순간, 1674

# 미생물을 발견하다

과학계의 이단아라 불리는 안톤 판 레이우엔훅Anton van Leeuwenhoek은 상인으로 시작해, 40년 동안 시청의 말단 공무원으로 일했다. 과학적 지식은커녕 제대로 된 교육도 받지 못했지만, 일이 끝나고 남는 시간이면 끊임없이 '관찰'에 열중하던 레이우엔훅은 당대 가장 위대한 과학자가 되었다. 남들과 다른 조금 특이하고 창의적인 사고 덕분에 기존의 과학적 탐구 방법에서 벗어나 자신의 호기심이 이끄는 대로 연구하고 직접 눈으로 탐구했다. 그가 개발한 현미경은 그동안 세상에 알려진 적 없는 살아 움직이는 아주 작은 동물들, 즉 미생물(원생동물, 박테리아, 정자)의 세계로 그를 안내했다. 그는 맨눈으로는 절대 볼 수 없는 미생물을 '초미세동물'이라 불렀다. 그의 발견은 의학과 생물학 분야 전반에 어마어마한 반향을 일으켰다.

그저 다양한 음식의 맛을 느낄 수 있는 이유가 궁금했던 이 아마추어 과학자는 전문적인 교육도 받지 않았는데 어떻게 과학 역사상 가장 위대한 발견 중 하나인 미생물을 '우연히' 발견한 것일까?

안톤 판 레이우엔훅은 애초에 과학계에서 주목받을 수 있는 인물이 아니었다. 1632년 10월 24일, 네덜란드 델프트에서 다섯 남매 중 막내로 태어난 레이우엔훅은 집안의 유일한 아들이었다. 바구니 제작자였던 그의 아버지 필립스 판 레이우엔훅Philips van Leeuwenhoek은 막내아들이 다섯 살이던 1637년에 병으로 세상을 떠났다. 그 후 어머니는 화가였던 야코프 얀스 몰레인Jacob Jansz Molijn과 재혼했지만, 그마저 1649년에 세상을 떠났다. 레이우엔훅은 네덜란드 바르몬트에서 잠깐 학교를 다녔으나 정규 교육을 제대로 끝내지 못했고, 근처 작은 마을에 살고 있던 변호사 삼촌의 집에서 생활했다. 글도 제대로 익히지 못했지만 열여섯 살이던 해 암스테르담의 포목상에서 견습생 생활을 시작했다. 그런 뒤 1656년에 델프트로 돌아와 포목상을 열었고, 그 덕분에 경제적으로 꽤 넉넉한 생활을 이어가며 바르바라 더 메이Barbara de Mey와 결혼해 가정을 꾸렸다. 1660년, 레이우엔훅은 시청의 경비원 업무를 시작으로 행정보좌관, 측량기사, 와인 수입을 통제하는 검사관까지 매우 다양한 일을 했다. 다섯 명의 자녀를 낳았지만 모두 죽고 딸 마리아만 유일하게 살아남았으며, 아내마저 딸아이를 남긴 채 1666년에 사망했다.

사랑하는 이들의 죽음을 맞을 때마다, 레이우엔훅은 현미경 렌즈를 들여다보며 시간을 보내고 마음을 달랬다. 시청에서 여러 업무를 도맡아 한 덕분에 월급도 충분해 생활은 안정적이었다. 그래서 자신의 과학적 호기심을 해소하는 취미 생활에 더 많은 시간을 투자할 수 있었다. 포목상으로 일하던 시절, 레이우엔훅은 늘 직물 상태를 확인하곤 했다. 1668년에 직접 자기만의 현미경을 개발한 것도 바로 이런 이유 때문이었다. 굴절각이 작은 렌즈부터 시작해 선명도와 투명도 면에서 당시로선 최고 수준의 광학력을 지닌 렌즈까지, 400개 이상의 렌즈를 직접 가공했다. 두 개의 얇은 황동판 사이에 자신이 만든 렌즈를 끼워넣어 제작한 현미경은 300배까지 사물을 확대해서 보여주었다. 호기심 넘치는 그의 기발함이 만들어낸 최고의 발명품이었다. 재물대 위에 놓인 관찰 대상은 조절 나사를 이용해 관찰자의 의도에 따라 렌즈에서 가깝게 또는 멀리, 그리고 위아래로 움직일 수 있었다. 레이우엔훅이 아니었다면 이보다 더 뛰어난 성능의 현미경은 아마 한 세기 동안 탄생하지 못했을지도 모른다.

1670년대 초, 현미경 애호가로서 레이우엔훅이 처음 관찰한 것은 온갖 종류의 생물과 무생물의 표본이었다. 렌즈 아래 재물대 위에 혈액, 올챙이, 개구리 다리, 뱀장어 지느러미, 새와 박쥐의 날개, 곰의 털, 물고기 비늘, 꿀벌, 파리, 벼룩, 빈대, 누에, 심지어 머리의 이까지 놓고 관찰했다.

그는 첫 번째로 관찰한 내용을 서신을 통해 1673년부터 영국 왕립학회 『자연과학회보』에 전달했다. 레이우엔훅은 총 300편 넘는 편지를 보내 왕립학회와 소통했다. 영어나 라틴어를 할 줄 몰랐기 때문에, 당연히 네덜란드어로 편지를 쓸 수밖에 없었다. 17세기 과학계에는 몇 가지 보이지 않는 규칙이 있었다. 그래서 오랜 시간 동안 레이우엔훅은 체계적인 방법론이나 기술은커녕 제대로 된 지식을 갖추지 못한, 무식하고 운만 좋은 '과학쟁이'로 치부되었다. 홀로 현미경으로 관찰하고 또 관찰하며 발견한 사실들을 학계에 전달하는 방식만 봐도 그랬다. 게다가 그의 열여덟 번째 편지에 담긴 내용이 정말 사실이라면, 당대에 정립되어 있던 모든 생물학적 이론이 뒤집힐 수 있었다. 그래서 그 편지가 왕립학회에 전달되었을 때, 레이우엔훅을 향한 과학계의 불신과 불만은 더욱 커졌다.

학자들이 무시한 것과 달리, 레이우엔훅은 나름 진중하게 관찰에 임했다. 심지어 왕립학회 회원 몇 명은 레이우엔훅이 만든 현미경의 뛰어난 성능에 감탄해 연구를 도와달라며 부탁하기도 했다. 머리카락을 관찰하게 된 것도, 땅 위의 식물처럼 머리카락의 끝부분이 자라는 것인지 아니면 뿌리에서부터 머리카락이 길어지는 것인지 확인하고 싶어 한 왕립학회 회원들 때문이었다. 가스의 성질에 대한 연구를 발표한 화학자이자 물리학자 로버트 보일Robert Boyle도 레이우엔훅에게 다양한 화학 결정체의 관찰을 맡겼다. 하지만 아쉽게도 머리카락과 화학물질을 현미경으로 관찰한 결과는 그리 혁신적이지 못했다. 레이우엔훅은 특이하고 기발하지만 확고한 그의 생각에 운명을 맡겼다. 바로 맛의 원인을 찾는 것이었다.

1674년 10월 19일 영국 왕립학회에 전달된 편지에는 미각에 관한 그의 관심이 처음으로 담겨 있었다. 아파서 몸에 기운이 없던 레이우엔훅은 왠지 점점 맛을 느끼지 못하는 것 같다는 생각이 들었다. 그러자 그 이유를 알고 싶었다. 레이우엔훅은 편지에 "지난겨울, 몸이 조금 아팠습니다. 그런데 그때 당시 맛을 거의 느낄 수 없었습니다. 그래서 혀를 내밀어 거울에 비추고 관찰해보니, 마치 모피코트가 혀 위에 두껍게 덮여 있는 것 같았습니다. 아마 그래서 맛을 느끼지 못한 것 아닐까 생각됩니다"라고 적어 보냈다. 그의 말대로라면, 혀에 덮인 '모피코트'가 맛을 느끼게 해주는 혀의 '작은 점들'의 작용을 방해한다는 것이었다. 레이우엔훅의 말이 그리 허무맹랑한 소리는 아니었다. 그가 말한 혀의 '작은 점들'은 오늘날 우리가 잘 알고 있는 혀의 미각기관인 미뢰味蕾를 뜻하기 때문이다.

어쨌든 레이우엔훅은 자신의 직감이 이끄는 대로 혀를 관찰해보기로 했다. 소의 혀를 구해 현미경으로 살펴보던 중 거기서 아주 작은 '혈구'가 모여 만들어진 '매우 미세하고 뾰족한 돌기'를 발견했다. 호기심 많은 아마추어 현미경학자는 그가 학회에 보낸 모든 서신에 '혈구'라는 말을 썼을 정도로 여기저기 많이 사용했다. 사실 혈구라는 것은 혈액을 붉게 만드는 '적혈구'를 표현할 때 알맞은 말이었다. 레이우엔훅은 혈액이 응고될 때 적혈구와 분리되어 흐르는 투명한 액체 또한 혈구로 구성되어 있다고 편지에 적었다. 하지만 사실 그것은 틀린 말이었다. 투명한 액체는 혈청 혹은 혈장으로, 단지 세포와 응고 단백질을 제외한 액체이기 때문이다. 레이우엔훅은 석회가루의 입자도 '투명한 동그란 알갱이'로 구성되어 있고, 특정 방식으로 배열되어 석회가 흰색으로 보이도록 만드는 것이라고 했다. 이렇게 '혈구' 혹은 '알갱이'라는 단어를 마구 남발한 탓에, 레이우엔훅은 특히 프랑스 과학자들 사이에서 신랄한 비판 대상이 되곤 했다. 과학계의 비웃음을 사고 조롱당했지만, 그래도 레이우엔훅은 맛을 느끼는 데 핵심 역할을 하는 혀의 세포인 미뢰, '혀의 혈구'를 발견해 매우 기뻤다.

1675년 2월 11일 자 편지에서, 레이우엔훅은 연구를 더 진행했다고 전했다. 이번에는 당시 네덜란드에서 인기 요리로 손꼽히는, 주로 날것으로 먹는 청어에 대한 것이었다. 그의 관찰은 지극히 개인적인 차원에서 이루어졌고, 관찰을 통한 추론 방식은 마치 시처럼 함축적이고 비약적이었다. 레이우엔훅은 물에 녹은 소금의 형태를 살펴보고자 했다. 상온의 소금과 소금물을 가열한 뒤 증발시켜서 얻은 소금의 형태를 비교해보았다. 두 소금을 살펴보니, 상온에서는 '정사각형'의 결정체였지만, 고온에서는 아주 작고 '뾰족한 파이프' 모양이었다. 레이우엔훅은 사람들이 구운 청어의 맛을 선호하지 않는 이유가 바로 여기에 있다고 추론했다. 청어를 굽는 과정에서 발생한 열이 청어에 뿌린 소금 결정체를 뾰족한 파이프 형태로 만들어 혀에 있는 작은 알갱이들을 자극하기 때문이라고 결론 내린 것이다. 익히지 않고 날로 먹는 청어 요리가 인기 있는 이유도 상온의 정사각형 소금 결정체가 혀 알갱이를 덜 자극하기 때문이라는 것이다.

레이우엔훅은 왕립학회에 짠맛과 단맛뿐만 아니라, 아룸 잎, 아스파라거스, 계피 맛에 관한 연구 결과도 보고했다. 그는 여러 가지 음식과 식재료의 맛은 그것들을 구성하는 매우 미세한 맛 입자들이 혀에 있는 '혈구'를 자극하기 때문이라고 주장했다. 청어 요리와 그 맛에 관한 연구는 비교적 성공적인 편이었다. '자극적인' 음식에 대한 그의 관심이 여기에 반론을 제기할 것이라는 사실은 아직 몰랐기 때문이다.

한편 레이우엔훅은 한 가지에만 관심을 가진 것이 아니라, 여러 가지 다양한 표본의 물을 관찰하는 것도 게을리하지 않았다. 역사적인 뜻밖의 발견은 네덜란드 델프트 남부의 작은 호수 베르켈서에서 시작되었다. 어느 날 레이우엔훅은 호수의 표면이 계절에 따라 달라지는 것을 발견했다. 겨울에는 일반적으로 물이 맑았지만, 여름에는 마치 하늘에 구름이라도 낀 듯 물 색깔이 탁했다. 그는 "호수의 표면이 희끄무레하고, 초록빛 구름이 물 위에 흐르는 것 같다. 호수 근처에 사는 사람들은 이슬방울이 호수 위로 떨어졌기 때문이라고 말하며, '달콤한 이슬에 젖은 호수'라고 부른다"고 말했다.

1674년 8월 말, 레이우엔훅이 바람 부는 날 호수에서 떠온 물의 관찰은 훗날 생물학과 의학의 역사를 바꾸는 결정적인 계기가 되었다. 1674년 9월 7일, 영국 왕립학회 비서관이던 헨리 올든버그Henry Oldenburg에게 보낸 편지에서 레이우엔훅은 이렇게 적었다. "호수의 물을 떠다가 현미경으로 들여다보니 어마어마한 양의 아주 작은 동물이 움직이고 있었습니다. 그중에는 둥글게 생긴 것도 있고, 크기가 큰 것도 있고, 타원형도 있었습니다. 특히 타원형의 동물들은 머리에 두 다리가 붙어 있고 몸통 끝에는 두 개의 작은 지느러미가 있었습니다. 동물들의 색깔도 모두 달랐습니다. 불투명한 것도 있고 투명한 것도 있었습니다. 녹색의 반짝이는 비늘을 가진 동물도 있었습니다.

몸통의 중심은 녹색인 반면, 앞부분과 뒷부분은 희거나 회색빛이 나는 것도 있었습니다."

레이우엔훅은 현미경으로 들여다본 눈앞에 펼쳐진 작은 동물들의 세계가 매우 중요하다는 것을 직감하고 관찰에 전념했다. 그는 빗물, 운하, 우물, 바닷물, 심지어 녹아버린 눈까지, 온갖 종류의 물을 관찰할 정도로 '작은 동물들'의 매력에 푹 빠졌다. 작은 동물들은 대부분 물속에서 빠르게, 위아래로 혹은 원을 그리며 다양한 움직임을 보였다. 레이우엔훅은 당연히 감탄할 수밖에 없었다. 1676년 10월 9일 왕립학회에 전달된 '작은 동물들의 세계'에 대한 편지는 레이우엔훅의 가장 유명한 편지로 남아 있다.

레이우엔훅은 하나의 편지에 한 가지 관찰 결과만 적지 않았다. 편지의 첫 번째 문단에서는 물속에 살고 있는 작은 동물들의 존재에 대해 언급했다. 생물학적 지식이 부족했던 아마추어 현미경학자로서는 아무래도 작은 동물들에 더 많은 연구 시간을 할애하기 어렵다고 고백했다. "제가 앞서 말한 물속에서 발견한 작은 동물들에 더욱 주목할 필요가 있습니다. 이 세계에 대한 더 상세한 설명이 필요합니다. 연구 시간을 더 투자해야겠지만, 제 상황이 여의치 않아 여가 시간에만 관찰했습니다."

오늘날 우리는 크기가 매우 미세하고 꿈틀거리며 움직이는 레이우엔훅의 '작은 동물들'이 물이나 습지, 혹은 폐와 장 등의 신체기관에 살고 있는 미생물, 즉 원생동물이라는 것을 잘 알고 있다. 원생동물은 단세포로 이루어진 미생물로, 말라리아 등 다양한 질병의 원인이 된다. 레이우엔훅이 편지에서 말했던 '다리가 달린 타원형의 동물'은 '윤형동물'을 일컫는 것이고, 크기가 가장 크며 움직임이 느리고 지느러미 같은 섬모를 가진 동물은 '유모충'을 가리킨다.

편지의 다음 문단에는 레이우엔훅이 진행했던 일련의 다른 관찰 결과가 담겨 있었다. 레이우엔훅은 기막힌 생각이 떠올랐다. 현미경 렌즈로 물에 적신 후추를 관찰하기로 한 것이다. 맛의 의미와 원인에 대해 호기심이 많았던 레이우엔훅만이 할 수 있는 관찰이었다. 레이우엔훅은 후추를 먹으면 왜 코카 맵고 혀가 아린지 궁금했다. "후추를 먹었을 때 혀에서 느껴지는 맛의 원인을 알아내기 위해 온갖 연구를 한 끝에, 저는 3분의 1온스의 후추를 물에 담가 책상 위에 올려두고 더 수월한 관찰을 위해 후추가 물에 풀어지도록 하는 것 말고는 아무것도 하지 않았습니다." 사실 레이우엔훅은 혀에 있는 '작은 알갱이'들을 자극하는 '작은 바늘' 같은 후추의 효과를 알아내고자 했다.

레이우엔훅은 3주 동안이나 후추를 물에 담가두고, 물이 증발하면 수시로 물을 더 넣었다. 그러던 1676년 4월 24일, 드디어 후추물 관찰을 시작했다. "놀랍게도, 엄청난 수의 다양한 형태의 작은 동물이 있었습니다." 호수에서 발견한 작은 동물들과 비슷한 것들을 찾았다는 이야기였다. 편지 후반에는 "마지막 동물은 앞에서 이야기한 나머지 세 동물들 사이로 움직였는데, 정말 믿을 수 없을 정도로 작았습니다. 너무 작아서, 제 눈에는 수백 개가 모여 만들어진 모래 한 알보다 작은 것 같았습니다. 1000만 개가 모여도 모래알에 견줄 수 없을 것 같습니다"라고 적었다. 레이우엔훅은 1676년 8월 6일, 후추물의 다섯 번째 관찰을 마치고 결론을 내렸다. "지금까지 제가 자연에서 발견한 그 어떤 경이로운 순간 중에서도 가장 놀라운 발견이라고 생각합니다. 저는 눈앞에서 꿈틀대며 움직이는 물속의 작은 동물들의 모습을 보는 것보다 더 큰 즐거움을 아직 느껴본 적이 없습니다."

작은 동물들의 정확한 정체를 알고서 그런 것은 아니지만, 현미경 관찰이라는 독특한 취미에 푹 빠져 있던 레이우엔훅은 맨눈으로는 볼 수 없는 미생물 세계를 발견한 최초의 인간이었다. 거의 단세포 생물들로 구성된 미생물들은 원생동물보다 크기가 약 10~100배 더 작고, 원생동물과 달리 핵이 없다. 미생물의 종류는 무수히 많겠지만, 오늘날 이름이 알려진 미생물은 약 1만 종이다. 원형이거나, 길쭉하거나, 막대 또는 나선형으로 다양한 형태를 띤다.

보이지 않지만 미생물은 모든 곳에 존재한다! 우리 몸에도 신체 세포보다 10배 더 많은 수의 미생물이 존재한다. 피부에는 1조 개, 입안에는 100억 개, 장에는 100조 개의 미생물이 서식하고 있다. 일반적으로 인체에 유해하지 않고 대부분 유익하지만, 콜레라, 매독, 결핵 등 치명적인 전염병을 유발하는 것도 미생물이다.

1676년 7월 20일, 레이우엔훅은 매독이나 라임병[1]을 일으키는 가

1 진드기에 물려 보렐리아균이 인체에 침범해 여러 기관에 병을 일으키는 감염 질환.

늘고 긴 나선형의 미생물 스피로헤타를 발견한다. “이렇게 미세하고 긴 생물이 살아 움직인다는 것이 (…) 너무 놀랍습니다. 현미경으로 관찰해보니, 살아 있는 이 작은 동물들은 인간의 가는 머리카락보다 얇고, 빵 칼의 손잡이 길이만큼이나 길었습니다. (…) 머리나 몸통 등으로 나누어 구분할 수 없고, 두께는 전체적으로 일정했습니다.”

당시 무명 과학자에 불과했던 레이우엔훅의 이 편지는 과학계의 이목을 끌었다. 무수한 미생물이 사는 세계가 존재한다는 사실이 과학계를 뒤흔들어놓았다. 당대 모든 생물학적 이론과 모순되는 발견이었기 때문이다. 하지만 혼자 연구한 레이우엔훅을 향한 학자들의 조롱과 반론은 끝이 없었다. 사실 레이우엔훅은 직접 만든 현미경의 엄청난 성능을 다른 사람들과 공유하지 않았기 때문에 레이우엔훅과 같은 발견을 한 사람이 아무도 없었다. 따라서 학계의 비판은 더욱 신랄할 수밖에 없었다. 결국 왕립학회는 네덜란드 델프트로 전문가를 파견해 레이우엔훅의 관찰 내용을 직접 확인하기로 한다.

한편 이듬해인 1677년, 레이우엔훅은 사정 직후 자신의 정액을 현미경으로 관찰해 수많은 작은 동물을 다시 한 번 발견했다. 곧 정자의 존재를 알아내고는 모든 포유동물을 대상으로 관찰해 그 내용을 상세히 기술했다. 레이우엔훅은 정자가 인간과 동물의 정액에 포함되어 있는 기본 구성 요소이며 생식의 원인이라고 생각했다.

그해 11월, 레이우엔훅은 당시 통용되던 과학 이론을 또 한 번 뒤집는 편지를 왕립학회 회장에게 보냈다. “제가 발견했던 작은 동물들은 사정 후의 정액에도 존재했습니다. 만일 회장님께서 보시기에

이러한 관찰 방법이 불쾌하다거나 윤리적으로 학자들의 반감을 살 거라고 생각하신다면, 이 편지를 비공식적인 것으로 간주해 적당한 때 공개하거나 폐기하기를 부탁드립니다.”

그때부터 레이우엔훅을 향한 관심이 들끓기 시작했다. 그리고 마침내 1680년, 레이우엔훅은 영국 왕립학회 회원으로 선출되었다. 이후 메리 2세 영국 여왕과 표트르 1세 프로이센 황제뿐만 아니라, 철학자, 학자, 의사, 성직자 등 많은 인물이 레이우엔훅을 방문했다. 익명으로 그에게 여러 가지 대상의 분석을 요청하는 사람들도 있었다.

3년 뒤, 레이우엔훅은 다시 한 번 미생물의 존재를 명확하게 확인했다. 쉰한 살의 나이에도 치아를 건강하고 청결하게 유지하고 있다는 것을 매우 자랑스럽게 여기던 레이우엔훅은 치아 상태를 확인하기 위해 정기적으로 거울에 비춰보곤 했다. 그러던 어느 날 어금니 사이에 희끄무레한 작은 무언가가 끼여 있는 것을 발견했다. 이에서 빼낸 이물질을 현미경을 통해 살펴보니 무수한 작은 동물이 아주 활발하게 움직였다. 미생물의 존재를 완벽하게 확신한 레이우엔훅은 관찰 보고서 여백에 미생물의 모습을 대충 그려두었다.

미생물학의 기초를 설명하는 의학 및 생물학 입문 서적의 서문에는 ‘미생물의 아버지’, 안톤 판 레이우엔훅이 언제나 등장한다. 그는 순수한 호기심과 미지의 세계를 관찰하는 단순한 즐거움을 자신의 과학적 연구의 원천으로 삼았다. 동물학자이자 해부학자, 식물학자,

생물학자이기도 한 레이우엔훅은 1679년에 지구가 수용할 수 있는 최대 인구수(약 13억 명 이상으로 예상했다)를 추정할 정도로 호기심이 많고 즉흥적인 사람이었다. 과학적인 전문지식이나 체계적인 방법 없이 이끌어낸 충격적인 연구 결과는 당시 저명한 학자들의 불신과 경멸을 불러일으킬 수밖에 없었다. 학계에서 쓰이던 공식 언어인 라틴어를 몰라 자신의 생각을 제대로 표현할 수도 없었고, 견고한 이론적 해석 또한 제시할 수 없었기 때문이다. 그렇게 '무식하지만 운 좋은 아마추어 과학자'라는 꼬리표는 오랫동안 레이우엔훅을 따라다녔다.

비록 학계에서는 신임을 얻지 못했지만, 레이우엔훅은 과학자로서 반드시 갖춰야 할 태도를 지닌 만큼 많은 과학자가 본받아야 하는 과학자임에 틀림없다. 그는 자신의 과학적 접근 방법이나 즉흥적인 연구 방식이 불러일으킬 조롱, 비난, 경멸을 겸허하게 받아들였다. 예나 지금이나 실제로 경험한 것이 비록 이론적 범주를 벗어난다고 해도 절대적인 것으로 생각하는 과학자들은 거의 드물다. 레이우엔훅이 엉뚱한 자신의 직감에 따라 이것저것 관찰했다고 해도 뭐 어떤가! 그를 기다리고 있는 것이 설령 비난의 화살일지라도, 레이우엔훅은 끝까지 호기심을 잃지 않았으며, 후대에 길이 남을 중대한 업적을 남겼다. 직접 만든 현미경으로 인간이 눈으로 관찰할 수 있는 영역을 무한하게 확장했고, 의도한 것은 아니겠지만 자신보다 더 전문성을 갖춘 미래 세대의 과학자들을 위한 세포생물학의 기초를 다졌다.

1679년 5월 4일, 네덜란드의 정치가이자 작곡가였던 콘스탄틴 하위헌스Constantin Huygens는 천문학자인 그의 아들 크리스티안 하위헌스Christian Huygens에게 보내는 편지에 이렇게 적었다. "현미경으로 들여다볼 수 있는 것이라면 무엇이든 파고드는 레이우엔훅처럼 하늘을 바라보아라. 그보다 더 유식한 사람들이 그의 노력만큼 분발한다면, 이 세상에는 훨씬 더 아름답고 위대한 발견들이 있을 것이다!"

# 에드워드 제너

1749~1823

## 그 순간, 1796

# 천연두 백신을 개발하다

전염병은 수 세기 동안 공포의 근원이었다. 14세기 유럽을 휩쓴 흑사병은 유럽 인구의 4분의 1에서 3분의 1 정도를 죽음으로 몰았다. 19세기에는 콜레라 등 여러 전염병으로 인해 유럽과 아프리카, 아메리카 대륙에서 수백만 명이 사망했다. 이렇게 수많은 목숨을 앗아간 치명적인 전염병 중에는 오랫동안 인간을 괴롭혔던 천연두도 있다.

세계보건기구WHO는 인간이 걸릴 수 있는 가장 치명적인 전염병으로 천연두를 지목했었다. 천연두는 몸 전체에 물집이 생기는 병으로, 18~19세기 전 세계에 확산되었다. 18세기 후반부터 조금씩 천연두 퇴치가 이루어지면서 유럽의 인구수는 서서히 증가하기 시작했지만, 1707년에 아이슬란드 인구의 36%가 홍역만큼이나 빈번하게 발생하는 천연두 때문에 사망했다.

천연두는 실제로 매독과 어떠한 상관관계도 없지만, 증상이 매독과 매우 비슷해서 '마마'라고 불렸다. 천연두에 걸리면 피부, 폐, 눈 등이 세균에 감염되는 합병증이 발생한다. 천연두 환자 5명 중 1명이 합병증으로 사망했는데, 성인의 경우에는 3명 중 1명이 사망했다. 설령 운 좋게 치료한다고 해도 얼굴에 보기 흉한 상처가 남았다. 유명인사들도 예외는 아니었다. 영국 여왕 앤 클리브Anne of Cleves, 프랑스 정치가 미라보Mirabeau와 당통Danton, 음악가 모차르트와 베토벤, 미국 정치가 벤저민 프랭클린 등도 천연두에 걸렸다.

오늘날 우리가 더 이상 천연두 바이러스를 두려워하지 않아도 되는 이유는 한 젊은 시골 의사의 주의력과 끈기 덕분이다. 1790년 당시 의학계가 찾지 못했던 예방접종의 시초이기도 한 천연두 퇴치법을 에드워드 제너Edward Jenner는 어떻게 발견했을까?

천연두는 그 기원이 아주 오래되어 선사시대에도 그 흔적을 찾을 수 있다. 천연두는 기원전 10000년경 인류가 아프리카 북동부에 정착했을 때 처음 나타났으며, 이집트 상인을 통해 인도로 확산된 것으로 추정된다. 고대 이집트 미라의 얼굴에서 최초로 천연두의 증상과 유사한 흔적이 발견되었다. 기원전 1142년경 사망한 것으로 추정되는 고대 이집트의 왕 람세스 5세의 미라 역시 천연두 흉터로 뒤덮여 있었다.

학계에서는 같은 시기 고대 아시아에서도 천연두가 발생한 것으로 추정하고 있다. 고대 중국에서는 기원전 1122년부터 천연두가 나타났으며, 산스크리트어로 적힌 문헌에 고대 인도에서도 천연두가 발생했다는 기록이 남아 있다.

천연두는 5~8세기 아랍 군대가 침공했을 때 유럽으로 유입된 것으로 추정된다. 당시 천연두가 창궐해 수천 명이 사망했다고 한다. 중세에 일어난 십자군 전쟁은 천연두 확산에 불을 붙였고, 결국 13세기엔 남부 유럽 전역으로 번졌다. 이후 서구 강대국들의 정복 전쟁으로 천연두는 신대륙에도 전파되어, 아메리카 인디언 절반을 포함한 원주민들의 목숨을 앗아갔다. 아즈텍과 잉카 제국을 멸망시킨 것도 천연두였다.

18세기에는 아메리카 대륙에서 최초의 '세균전'이 일어났다. 1754~1763년 북아메리카 대륙의 식민지를 확보하기 위해 영국과 프랑스가 싸운 일명 '7년 전쟁' 당시, 영국과 프랑스 모두 아메리칸 인디언 동맹군의 지원을 받고 있었는데, 영국군 사령관이었던 제프리 애머스트Jeffery Amherst가 영국에 대항하는 아메리카 인디언을 없애기 위해 의도적으로 천연두 바이러스를 퍼뜨렸다.

한편 18세기 유럽에서는 신분에 관계없이 천연두 바이러스 감염으로 매년 40만 명이 사망했다. 천연두를 극복하고 겨우 살아남은 환자 대부분은 얼굴에 끔찍한 흉터가 남았는데, 흉터가 남지 않은 환자의 3분의 1은 시력을 잃었다. 천연두 바이러스 감염은 특히 어린 아이에게서 많이 발생했다. 대도시에 사는 아이도 천연두로 사망하는 비율이 80%에 달했다. 그렇게 천연두는 인구수를 조절하는 '자연 조절기'처럼 많은 사람의 목숨을 빼앗아갔다.

의사들은 천연두를 퇴치하기 위해 끊임없이 노력했지만 결과는 참담했다. 오히려 잘못된 치료법으로 상황을 더 악화시키기도 했다. 중세시대에 식물을 이용한 치료법은 다른 방법보다 더 효과 없다는 것이 밝혀졌고, 농포[2]를 치료하던 방법 역시 천연두 치료에는 효과가 없었다.

17세기 중엽, 당시 저명했던 영국 의사 토머스 시드넘Thomas Sydenham 마저 천연두 환자에게 상의를 모두 벗고, 창문을 열어 낮은 실내 온도를 유지한 뒤 불을 절대 피우지 말고 24시간마다 12병의 맥주를 섭취하라는 기이한 처방을 내리기도 했다. 하지만 인간을 위협할 기회만 엿보는 것 같은 천연두를 없앨 해독제는 여전히 오리무중이었다.

천연두 예방에 그나마 가장 효과적인 방법은, 더 심각한 천연두의 발병을 막기 위해 인체에 무해하다고 여겨지는 천연두를 접종하는 '인두법'이었다. 이미 알려진 사실대로, 인두법은 천연두를 일종의 면역 물질로 사용해 역으로 천연두를 예방하는 방법이었다. 11세기경 중국에서는 천연두 환자의 피부에서 떼어낸 딱지들을 가루로 만들어 코로 흡입하는 방식의 인두법을 썼다는 기록이 남아 있다.

이 방법은 시르카시아 상인들이 오스만 제국에 들여왔고, 18세기 초 서구로 전해졌다. 미모가 뛰어나 이스탄불에서 오스만터키 군주의 규방인 하렘에서 지내던 코카서스의 여인들은 어렸을 때 팔의 절개 부위에 칼로 작은 상처를 내고 천연두 환자의 농포에서 얻은 물질

2 몸의 일부분에 돋는 화농으로 인한 발진.

을 밀어 넣는 인두법을 시술받았다. 이스탄불 소재 영국 대사관 의사였던 이매뉴얼 티머니Emmanuel Timoni는 이 인두법을 1714년에 처음으로 영국 왕립학회지에 소개했다. 학회지에 기재된 그의 글은 터키 주재 영국 대사의 부인인 메리 워틀리 몬터규Mary Wortley Montagu의 관심을 사로잡았다. 몬터규 부인의 얼굴 일부에 보기 흉한 흉터를 남긴 천연두는 약 18개월 후 그녀의 스무 살 남동생의 목숨마저 앗아갔다. 천연두라면 끔찍했던 그녀는 대사관의 외과 의사 찰스 메이틀런드Charles Maitland에게 1718년 3월, 다섯 살 난 아들과 네 살 난 딸에게 학회지에 실린 대로 인두법을 시행해달라며 요청했고, 왕실의 의사들이 모두 참석한 자리에서 인두법이 실시되었다.

그렇게 인두법은 유럽 전역으로 빠르게 확산되었다. 특히 프랑스의 루이 16세, 러시아의 카트린 2세, 오스트리아의 왕비 마리 테레즈 등 유명 정치인과 그들의 자녀, 손자들에게까지 인두법이 행해졌다. 프로이센의 프레데릭 2세는 그의 군인들에게까지 천연두 예방법인 인두법을 실시했다. 그렇게 해서 인두법은 인류 역사상 최초의 대중의학 기술이 되었다. 천연두 감염을 완벽하게 예방할 수는 없었지만, 천연두에 걸렸을 때 증세를 어느 정도 약화시키는 효과는 있었다.

그러나 인두법은 기적의 예방법이 아니었다. 결과가 일정하지 않고 더 큰 위험성이 있었기 때문에 프랑스, 영국 및 미국의 의학계는 인두법에 대한 불신을 제기하며 신중하게 사용해야 한다고 주장했다. 인두법을 시술받은 사람들의 기대 수명이 3년 이상 더 증가한 것도 사실이지만 사망률도 3%에 달했기 때문이다. 또한 인두법 접종이 오히려 새로운 전염병의 잠재적 원인이 되기도 했다. 혈액을 통해 매독 등 다른 심각한 질병에 감염될 위험이 증가했기 때문이다.

결국 수 세기 동안 의사들과 전염병 바이러스의 싸움은 의사들의 패배로 끝나, 모든 대륙을 휩쓴 천연두를 막을 수 없을 것만 같았다. 하지만 무시무시한 천연두의 긴 역사에 맞설 수 없는 인간의 무력함은 서민들의 삶에 관심이 많던 한 시골 의사의 주의력 덕분에 해결되었다.

에드워드 제너는 1749년 5월 17일 영국 글로스터셔주의 버클리에서 태어났으나, 다섯 살 때 부모를 여읜 뒤 형의 손에서 자랐다. 일찍이 과학과 자연에 유독 흥미가 많았던 제너는 당대 엘리트 과학자와 의사들에게서 교육을 받았다. 먼저, 열세 살 때 브티스톨 근처 소드베리에 사는 한 약사 밑에서 견습생으로 시작한 뒤, 외과 의사 조지 하위크George Harwicke의 일을 도왔다. 청소년기에는 6년간 의학의 기초를 다졌고, 스물한 살 때는 런던의 세인트조지 병원에 들어가 영국에서 당대 가장 존경받는 외과 의사였던 존 헌터John Hunter 밑에서 본격적으로 의학을 배웠다. 생물학과 해부학뿐만 아니라 과학적 실험에도 능통했던 존 헌터와 함께 일하면서 자연과학에 대한 관심이 더욱 커져갔다.

존 헌터에게서 3년간 탄탄한 의학 교육을 받고 실력을 갖춘 제너는 스물네 살이던 1773년에 고향인 버클리로 돌아와 일반의로 병원을 개업했다. 당시 영국은 천연두의 확산으로 두려움에 떨고 있었다.

제너의 병원에도 남녀노소 할 것 없이 천연두 환자가 줄을 이었다. 병원을 찾은 천연두 환자들은 그대로 사망하거나 신체 부위의 일부를 절단해야 했고, 운이 좋아서 치료하더라도 얼굴에 남아 있는 흉터를 없앨 수 없었다. 제너 역시 천연두의 예방은 물론 증세를 완화시킬 방법을 찾지 못하고 있었다.

에드워드 제너가 수 세기 동안 의료계의 골칫거리였던 천연두를 해결하기로 결정한 정확한 시기와 이유는 알려지지 않았다. 그러나 한 가지 확실한 점은, 그의 환자 중에 소젖을 짜는 여인들이 있었다는 것이다! 제너는 이 여인들이 천연두에 걸리지 않는 대신 '우두'[3] 라는 병에 걸리는 특징이 있다는 것을 알게 되었다. '소가 걸리는 천연두'라고도 불리는 우두는 소가 인간에게 옮기는 병인데, 증세는 그리 심하지 않은 편이었다. 소젖을 짜면서 소의 유방 근처에 난 우두 농포에 접촉한 사람들이 걸리는 아주 흔한 병이었다. 천연두와 증상이 비슷하지만, 천연두만큼 치명적이지는 않았다.

우두에 걸린 사람은 천연두에 걸리지 않는다니! 그렇다면 소젖 짜는 일을 하는 사람들에게 숨겨진 비밀은 무엇일까? 제너의 머릿속은 온통 이 질문으로 가득했다. 해답을 찾기 위해 곰곰이 생각하던 제너는 초보 견습생 시절 소젖을 짜 우유를 생산하던 여인의 말이 떠

3 우두는 영어로 cowpox, 라틴어로는 소를 뜻하는 vacca(바카)에서 유래해 'variolae vaccinae(바리올라에 바키나에)'라고 한다. 여기에서 'vaccine(백신)'과 'vaccination(예방접종)'이라는 단어가 비롯되었다.

올랐다. “나는 우두에 걸린 적이 있으니 천연두에는 절대 걸리지 않을 거예요. 얼굴에 보기 흉한 흉터도 없을 거고요.” 그 당시 낙농업을 하며 평범한 서민의 삶을 살아가던 그녀의 말이 제너의 뇌리를 스친 것이다. 그래서 소 농장에서는 일부러 천연두에 걸린 사람들을 고용하기도 했다. 우두에 걸릴 확률이 낮기 때문이라는 속설 때문이었다. 심지어 옛말에, 얼굴에 천연두 흉터가 없는 여인을 원한다면 소젖 짜는 여인과 결혼하라는 말이 있을 정도였다.

그렇다면 제너가 우두와 천연두의 상관관계를 확인하기까지 시간이 얼마나 걸렸을까? 제너는 소젖 짜는 여인들의 이야기에 귀를 기울이며 천천히 두 질병의 관계에 대해 생각하기 시작했다. 이론에 대한 확신으로 편협한 사고를 가졌던 당시 의료계와 달리, 제너는 우두에 걸리면 천연두에 걸리지 않는다는 사람들 사이에 떠도는 속설이 어느 정도 일리 있다고 믿은 것이다. 그 결과, 제너는 우두와 천연두가 비슷한 질병이며 두 질환에 모두 감염되지는 않는다는 사실에 조금씩 다다랐다. 증상이 가벼운 우두가 인간에게 치명적인 천연두를 예방해준다는 사실을 깨닫는 것은 시간문제였다……. 이제 그에게 남은 것은 의학적으로 입증하는 일뿐이었다.

그래서 에드워드 제너는 기존에 쓰이던 인두법과 달리 우두 환자에게서 얻은 고름을 건강한 사람에게 주입하기로 했다. 부디 아무 탈 없이 효과가 있기를 바라면서 말이다.

1796년 5월 초, 제너는 소 농장에서 일하던 세라 넴스Sarah Nelms라는 젊은 여인을 만났다. 그녀의 손과 팔은 우두에 걸려 고름이 꽉 찬 물집으로 뒤덮여 있었다. 제너는 그녀에게서 추출한 고름을 5월 14일 제임스 피프스James Phipps라는 여덟 살 소년에게 주입하고 본격적으로 실험을 시작했다. 우두에 감염된 소년은 미열이 나기 시작하고 겨드랑이 부위에 통증이 있었다. 9일 뒤, 우두 고름을 주입했던 부위에 종기가 올라오자 소년은 오한과 함께 식욕을 잃었다. 그러나 10일째부터 차츰 회복세를 보이더니 마침내 혼자 걷기 시작했다. 우두를 극복함으로써 우두가 인체에 치명적이지 않다는 사실을 확인한 것이었다.

한 달 반쯤 지난 그해 7월, 제너는 피프스의 양팔에 칼로 작은 상처를 내고 천연두의 농포에서 얻은 고름을 주입했다. 우두 고름을 주입할 때보다 훨씬 더 위험성이 높은 실험이었다. 하지만 2년 동안 피프스의 상태를 조사한 결과, 천연두 증상이 전혀 나타나지 않았다. 그렇게 해서 제너는 우두가 천연두의 확실한 면역 물질이라고 결론 내렸다.

제너는 자신이 발견한 천연두 예방법의 신뢰성을 과학계에 입증하기 위해 수차례 우두 접종 실험을 재현했다. 제임스 피프스를 통한 성공적인 실험 결과를 설명하는 짧은 서신을 영국 왕립학회에 보냈지만 처참하게 무시당했기 때문이다. 그래서 23명을 대상으로 우두 접종을 실험해 연구 결과의 설득력을 갖춘 제너는 마침내 1789년 '바리올라에 바키나에, 글로스터셔 등 영국 지방에서 나타나는 일명 우두의 원인과 영향에 관한 연구'라는 제목의 논문을 발표했다.

총 세 부분으로 구성된 논문의 내용은 옳은 것도 있었지만, 일부는 그의 연구 결과에 반대하는 학자들에게 유용한 비판 근거가 된 잘못된 실험 결과들이 포함되어 있었다. 제너는 우두의 기원에 대해 지극히 개인적인 관점으로 접근했으며 잘못 해석했기 때문이다. 예를 들어, 말이 소에게 옮기는 질병이 인간을 매개로 할 경우에는 인간에게서 나타날 수 있는 형태의 질병인 우두가 된다고 생각했다. 논문의 두 번째 부분에서는 젖소의 젖에 생긴 물집에서 우두 물질을 추출하기 위해 가장 효과적인 방법인 '예방접종vaccination'에 대해 자세히 설명했다. 그리고 마지막으로 이렇게 결론을 맺었다. "우두에 걸린 사람이 사망하는 사례는 단 한 번도 본 적이 없으며, 우두 물질은 천연두 감염을 완벽하게 예방한다는 사실을 분명히 확인했다. 따라서 우두 접종법이 천연두의 예방을 위해 반드시 사용되어야 한다는 사실을 누구도 부정할 수 없을 것이다."

하지만 당시 의료계는 그의 이야기에 귀를 기울이지 않았다. 제너의 연구 방식은 정확도가 부족하고 결과의 신뢰도를 떨어뜨리는 오류가 많다고 비난했다. 또 동물에서 채취한 고름을 인간의 몸에 직접 주입하는 제너의 실험 방식에 대한 학계의 거부감도 상당했다. 일부 의료계와 종교계는 창조주인 하느님의 뜻을 거스르는 일이라며 반발했다. 제너를 비난하기 위해 그의 과거 연구를 들먹이는 사람들도 있었다.

자연과학의 매력에 푹 빠져 있던 제너는 뻐꾸기의 생애에 대해 아주 진지하게 연구한 적이 있었다. 뻐꾸기의 행동을 관찰하고 분석하는 과정에서 부화한 지 얼마 되지 않은 새끼 뻐꾸기의 아주 놀랍고 이상한 행동을 관찰했다. 바로 부화되지 않은 알이나 자기보다 체력이 약한 형제들을 둥지 밖으로 밀어버렸다! 제너는 새끼 뻐꾸기의 잔인한 행위적 특성에 대한 연구 결과를 인정받아 1788년 영국 왕립학회 회원으로 선출되었다. 약 80년이 지난 1865년, 프랑스 생리학자 클로드 베르나르Claude Bernard는 저서 『실험의학 연구방법 입문』에서 제너에게 경의를 표했을 만큼 의미 있는 연구였다. 그러나 안타깝게도, 당시 뻐꾸기의 생애에 관한 제너의 연구는 그저 가십거리에 불과했다. 수많은 자연주의자가 부정하고 터무니없는 정신 나간 연구로 치부해버린 뻐꾸기 연구는 제너의 우두 접종법을 반대하는 사람들에게 그가 한 모든 연구의 가치를 떨어뜨리기 위한 비난의 구실이 되었다.

제너는 우두 접종의 실험 대상자가 되어줄 사람들을 찾기 위해 방문한 런던에서 자신을 향한 모함과 음모를 체감했다. 결국 아무런 수확도 없이 3개월을 보낸 뒤, 의사로서의 업무를 잠시 제쳐두기로 마음먹고 사비를 털어 동료 의사들과 함께 우두 접종법을 알리기 위한 대형 캠페인을 계획했다. 끈기와 인내심을 갖고 사람들을 설득해야만 했다.

런던의 의사들을 중심으로 입소문을 타기 시작한 우두법은 유럽 의사들 사이에서도 사용되기 시작했다. 하지만 우두 접종에 대한 우려는 여전히 존재했다. 환자들은 소에서 추출했기 때문에 이마에 소뿔이 나는 것 아니냐며 두려워했다.

우두법의 효과가 점차 입증되면서 에드워드 제너의 연구가 마침내 인정받는 듯했다. 영국 의회는 1802년에 1만 파운드를, 5년 뒤에 2만 파운드를 지원했다. 1803년에는 왕립제너협회Royal Jennner Society가 설립되었고, 1808년에는 영국 정부의 지원으로 국립백신연구소로 이름을 바꾸었다. 여기서 끝이 아니다. 1813년에 옥스퍼드 대학교는 제너에게 명예 의학 박사 학위를 수여했고, 1821년에 제너는 국왕인 조지 4세의 특별 의사로 임명되는 영예를 누렸다. 그러나 여전히 반대파의 강한 공격에 시달리고, 사람들의 조롱으로부터 끊임없이 자신의 연구를 지키려 노력해야만 했다.

1823년 1월 26일, 에드워드 제너는 결국 우두법의 진정한 승리를 보지 못한 채 사망했다. 제너가 사망한 지 17년이 지난 1840년에야 영국은 인두법의 위험성을 인지해 인두법 시행을 금지하고, 비교적 안전한 우두법을 무료로 실시하기로 결정했다.

에드워드 제너의 놀라운 이 이야기는 조금 특이한 유형의 세렌디피티에 속한다. 우두법의 발견은 '사고'도 과학적 '우연'도 아니다. 제너가 뜻밖의 예상치 못한 상황에 의미를 부여하고 관심을 기울였기 때문이다. 우리가 알고 있는 것처럼 여러 나라에서 이미 천연두를 예방하기 위한 다양한 민간요법이 사용되었을 것이다. 하지만 민간인들의 방식을 전문지식으로 수용하고 처음으로 과학적 접근을 시도한 학자는 바로 에드워드 제너였다. 우두가 천연두를 예방할 수 있는 이론적 이유에 관심을 기울이기보다는 경험적으로 그것을 증명하려 노력했다.

1880년대가 되어 루이 파스퇴르가 제너의 연구를 재개하면서 진정한 예방접종의 원리가 확립되었다. 생명에 지장을 주지 않을 정도로 약한 바이러스는 경미한 질병을 일으키고 오히려 치명적일 수 있는 질병을 예방할 수 있다. 파스퇴르의 연구는 특히 광견병 예방 분야에서 큰 성공을 거두었다. 그 덕분에, 신체에 백신을 주입하면 항체가 생성되어 신체 내 자연 면역 반응이 일어나고, 다른 질병의 감염을 예방할 수 있게 된 것이다.

세계보건기구WHO는 1980년 천연두의 완전한 종식을 선포했다. 천연두에 감염된 마지막 환자는 1977년 10월 26일 소말리아 메르카에서 발생한 것으로 기록되어 있다. 이후 WHO는 전 세계 국가에 천연두 예방접종을 중단하도록 권장했다. 한편 천연두 바이러스는 엄격한 보안하에 연구 목적으로 미국 질병통제예방센터CDC와 러시아 노보시비르스크 외곽의 벡터 연구소에 저장되어 있다. WHO의 193개 회원국은 20세기에만 3억 명의 사망자를 유발한 천연두 바이러스의 위험성 때문에 연구소에 보관하는 것을 동의하지 않았다. 천연두 바이러스의 완전한 파괴를 지지하는 사람들은 도난 및 사고로 다시 바이러스가 확산될 수도 있다고 우려한다. 한편 천연두 바이러스 보관을 찬성하는 사람들은 강력한 바이러스인 만큼 두 연구소 외부에도 존재할 수 있다고 생각한다. 연구소에 보관된 바이러스 샘플은 의도적으로 유출되어 생물학적 무기로 사용될 수도 있기 때문이다. 그러나 안전한 환경에서 특성화된 바이러스 표본을 잘 보관하기만 한다면, 위기의 순간에 적절한 위생 대책을 마련할 수 있는 것도 사실이다.

실제로 2014년 여름, 미국국립보건원은 미국 메릴랜드주 베데스다의 캠퍼스에서 우연히 천연두 바이러스가 들어 있는 여섯 개의 작은 약병을 발견했다. 오래된 실험실 구석에 있던 종이상자에 '천연두'라고 표시되어 밀봉된 유리병이 담겨 있었다…….

# 요한 카를 풀로트

1803~1877

## 그 순간, 1857

# 최초의 네안데르탈인을 발견하다

인간의 탄생을 기적이라고 믿는 사람들과 창조론자들을 포함해 몇 가지 예외를 제외하면, 현재 인간의 모습과 다른 종의 인간이 지구상에 살았다는 주장을 부정하는 사람은 없을 것이다. 자연사박물관에서 볼 수 있는 수많은 인류의 화석에는 진화론에 결코 반박할 수 없는 증거인 '호모Homo'라는 학명이 붙어 있다.

그러나 근래까지만 해도 서양 문화권에서는 우주가 6일째 되던 날 에덴동산에 신이 인간을 빚어 창조했다는 강력한 종교적 신념 때문에 인간의 진화론과 그 외 다른 가능성을 상상조차 할 수 없었다. 20세기 초가 되어서야 영국 왕립지리학회 학자들은 고대 아마존의 문명이 고대 서구의 문명과 같았을 것이라는, 당시로선 조금 우스운 이야기를 하기 시작했다. 그렇다면 그로부터 반세기 전에 발견된 화석을 어떻게 호모사피엔스와 다른 인간종의 최초 화석이라고 생각할 수 있었던 것일까? 그리고 이 발견은 과연 어떤 기상천외한 상황에서 이루어진 것일까?

인간의 탄생에 대한 종교적 신념을 극복하기 위해서는 자기 일에 충실했던 발굴 현장 감독관, 열정과 호기심 가득한 자연과학자, 혁신적인 사고를 가진 뚝심 있는 사상가의 힘이 필요했다. 그렇게 인류는 결코 닫히지 않을 고생물학의 새로운 문을 열었다!

독일의 서부 뒤셀도르프에서 동쪽으로 13km 떨어진 뒤셀 계곡에는 데본기[4](약 3억 6000만 년 전에서 4억 1000만 년 전 사이)의 석회층이 있다. 그 당시에는 별로 깊지 않은 열대성 바다가 유럽의 중앙을 덮고 있었고, 흙과 모래를 운반해 층층이 지층을 쌓고 있었다. 수백만 년이 지나 산호초는 석회암층이 되고, 이후 석판[5]으로 덮였다. 2억 9000만 년 전에서 3억 6000만 년 전 사이, 판이 이동하면서 석판 위로 석회암층이 올라오고 해안 침식 지역이 발생했다. 그렇게 해서 강물 위에 50m의 절벽이 있는 1km 가까운 계곡이 형성되었다.

19세기 중반, 네안데르 계곡[6]에는 수많은 동굴과 다양한 크기의 바위로 가득했고, 골짜기의 북쪽과 남쪽에는 특히 크고 작은 동굴이 많았다. 근처 큰 농장의 이름을 따서 지은 펠트호퍼 동굴도 네안데르 계곡 남쪽에 위치해 있었는데, 폭 3m, 길이 5m, 높이 3m의 작은 규

---

4 고생대를 여섯(캄브리아기, 오르도비스기, 실루리아기, 데본기, 석탄기, 페름기)으로 나눌 때, 네 번째에 해당하는 시기.

5 점토, 화산재와 같은 세립질의 퇴적물이 광역 변성 작용을 받아 만들어진 변성암.

6 17세기, 신부 요아힘 네안더(Joachim Neander)의 이름을 딴 계곡.

모로, 입구의 폭도 1m밖에 되지 않았다.

당시 네안데르 계곡의 석회암은 주로 건설 현장에서 이용되었다. 1854년, 빌헬름 베커스호프Wilhelm Beckershoff와 프리드리히 빌헬름 피퍼Friedrich Wilhelm Pieper는 네안데르 대리석 회사를 설립해 대리석을 캐어 납품했다. 베커스호프와 피퍼는 계곡의 남쪽 절벽에서 작업을 시작했는데, 아름다운 계곡의 풍경을 망친다며 마을 주민들의 미움을 받았다. 대리석을 캐내면 캐낼수록 남쪽과 북쪽 절벽의 상당 부분이 점차 사라졌기 때문이다. 발견 당시 동굴은 대부분 진흙으로 가득 차 있었다. 펠트호퍼 동굴의 고르지 않은 토양도 1.5m 두께의 진흙층으로 덮여 있고, 규토로 된 둥근 흙덩이가 섞여 있었다.

1856년 8월, 채굴꾼들은 작은 펠트호퍼 동굴 안에 있는 흙을 제거하다가 1m 깊이에 묻혀 있던 무언가를 발견했다. 바로 해골 화석이었다. 사람의 뼈처럼 보이지만 유독 두껍고, 두개골의 형태가 사람의 것과 비슷하면서도 눈썹 주위가 유달리 부풀어 있었다. 그러나 대리석만 캐면 그만인 채굴꾼들에게는 그다지 흥미로운 일이 아니라서, 발견된 뼈는 대리석 파편 더미에 방치되었다. 이야기는 이렇게 끝날 수도 있었다. 직원에게 이 이야기를 전해 들은 빌헬름 베커스호프도 대수롭지 않게 여기고 동굴에 살던 곰의 뼈라고 생각해 뼛조각을 모아 자연과학에 미쳐 사는 동네 과학자 요한 카를 풀로트Johann Carl Fuhlrott에게 가져다주라고 했다.

펠트호퍼 동굴에서 해골이 발견됐다는 소식에 놀라는 사람은 거의 없었다. 네안데르 계곡의 지형을 잘 알고 있던 본의 지질학자 요한 야코프 뇌게라트Johann Jakob Noeggerath마저 다른 석회암 동굴에서와 마찬가지로, 펠트호퍼 동굴의 뼈도 곰, 하이에나, 오소리 등 동물의 뼈가 분명하다고 말할 정도였다. 하지만 이것은 완전히 틀린 말이었다!

요한 카를 풀로트는 뒤셀도르프 동쪽 엘베르펠트라는 작은 마을에 사는 쉰세 살의 평범한 과학과 교수였다. 신학을 공부했지만 수학에 매료되어 수학과로 전향한 풀로트는 자연과학에 남다른 열정을 쏟았다. 26년 동안 교수 생활을 하면서 튀빙겐 대학교에서 자연과학 공부를 계속해 결국 박사 학위까지 취득했다. 시간이 지나면서 풀로트는 자연과학자로서 조금씩 이름을 알리게 되었고, 라인강 주변 지역인 라인란트의 동굴과 언덕에 대한 지질학적 설명이 담긴 저서도 발표했다.

1856년 여름, 풀로트는 베커스호프와 피퍼에게서 펠트호퍼 동굴에서 발견된 뼛조각들을 전달받았다. 그는 이 분야에서 풋내기 과학자가 아니었다. 당시 과학은 지질학, 고고학, 고생물학 등 한 걸음 더 진일보하는 단계였다. 그래서 풀로트는 망설임 없이 채석장에서 발견된 해골 화석이 곰의 것이 아니라 매우 희귀한 형태의 인간 해골이라고 판단한다. 역사에 엄청난 발견으로 기록될 것이라는 걸 직감한 풀로트는 펠트호퍼 동굴로 달려가 갈비뼈 5개, 오른쪽 팔뼈 1개, 왼쪽 팔꿈치뼈 1개, 어깨뼈 일부 등 채석장에서 나온 뼈를 모두 모았다. 대부분 뼈는 현대 인간의 뼈보다 크기가 훨씬 작았다. 낮고 편평한 이마, 머리와 가슴은 아치처럼 구부러져 다리와 매우 가까웠다. 풀로트는 마지막으로 발견된 뼛조각들을 통해 인간의 뼈라는 것을 확신했다. 그것도 아주 오래전, 원시 인간의 뼈라는 것을 말이다!

2주 뒤, 풀로트는 지역 언론사에 크기가 매우 크고 쉽게 식별할 수 있는 해골을 발견했으며 채석장의 작업꾼들이 그에게 전달했다고 전했다. 1856년 9월 6일, 엘베르펠트 지역 신문은 이렇게 전했다. "네안데르 계곡 근처에서 최근 놀라운 일이 벌어졌다. 계곡 절벽에서 대리석을 채굴하다 수 세기에 걸쳐 진흙 및 퇴적물로 가득 채워진 동굴이 발견되었는데, 동굴 안에 있던 진흙을 제거하는 과정에서 인간의 갈비뼈로 보이는 화석이 나타난 것이다! 만일 엘베르펠트의 요한 카를 풀로트 박사가 그 해골을 자세히 살피지 않고 제대로 보존하지 않았다면, 이 위대한 순간은 존재하지 않았을지도 모른다!"

하지만 다른 언론에서는 원시 인간의 모습이 현재 아메리카 대륙 서부에 살고 있는 편평한 이마를 가진 사람들과 유사하다고 주장하며 비판하기 시작했다. 그래서 풀로트는 본에서 활동하는 두 명의 해부학자 헤르만 샤프하우젠Hermann Schaaffhausen과 프란츠 요제프 카를 마이어Franz Josef Karl Mayer에게 해골 연구를 부탁했다. 직접 본을 방문하기로 한 풀로트는 '네안데르탈인'의 뼈 화석을 나무 상자에 조심스럽게 넣어 가져갔다. 마이어는 풀로트가 방문할 당시 병에 걸리는 바람에 아쉽게도 네안데르탈인과의 역사적인 만남을 놓치고 말았다. 결국 네안데르탈인의 화석은 이미 인간 화석의 존재에 대해 연구한 경험이 있는 샤프하우젠의 손으로 들어가게 되었다.

샤프하우젠은 1857년 2월 4일부터 바랭 지역의 자연사 및 의학사 협회 학자들 앞에서 네안데르 계곡에서 발견된 인간 화석에 대해 알리기 위한 사전 준비를 시작했다. 6개월 동안 신중한 연구 끝에, 샤프하우젠과 풀로트는 1857년 6월 2일 본에서 열린 학회에 초대되어 네안데르탈인 화석 발견에 대한 논문을 발표했다. 샤프하우젠은 연구를 통해 세 가지 주요 결론을 이끌어냈다. 첫째, 동굴 입구 쪽으로 향해 있던 두개골은 가장 원시적인 종에게서도 볼 수 없는 형태로 매우 특이하다. 둘째, 이 인류는 켈트족과 게르만족 이전 시대에 존재했으며, 라틴 문학에서 등장하는 유럽의 북서 지역에 거주하던 원시인 종중 하나로 추정된다. 셋째, 발견된 인간의 해골을 살펴보면 지구에 대홍수가 일어났을 때 남아 있던 동물들이 살았던 시대부터 존재했다는 것을 알 수 있으나, 아직 이 가설을 입증해줄 증거도, 인간의 해골이 화석화된 것이라는 증거도 없다. 즉, 샤프하우젠에 따르면, 펠트호퍼 동굴에서 발견된 뼈 화석은 기존 화석과 다르며, 동굴을 가득 채운 진흙에 '파묻혀' 있었기 때문에 지질학적 차원의 접근이 어렵고 정확한 연대를 알 수 없다는 것이었다.

이후 샤프하우젠은 뼈 화석을 좀 더 해부학적으로 살펴보기 위해 연구를 더 발전시켰다. 두개골의 크기는 유난히 크고 모양은 타원형인데, 이마뼈의 발달 상태가 주목할 만한 특징을 보였다. 눈 주위의 뼈는 매우 두드러진 반면, 이마는 좁고 뒤로 납작하게 비스듬히 경사진 형태였기 때문이다. 더 나아가 샤프하우젠은 우측 이마뼈에 깊게

파인 홈이 있는 것으로 보아 생전에 머리 부상을 입었을 것이라고 추측했다.

그는 두개골 형태뿐 아니라 해골의 다른 부위를 살펴보고는 뼈 주인의 모습을 대략 묘사했다. 양쪽 엉덩이에 있는 두 뼈의 형태는 완벽했다. 두개골이나 다른 뼈에서도 발견할 수 있듯이, 뼈의 두께는 상당히 두껍고, 근육의 형태에 따라 뼈가 튀어나오고 들어간 부위가 잘 발달되어 있었다. 오른쪽 어깨부터 팔꿈치까지, 즉 상박골의 형태도 잘 잡혀 있고, 크기는 허벅지 뼈와 비슷했다. 또 오른쪽 아래팔뼈와 아래팔 안쪽, 즉 척골의 3분의 1은 상박골과 비슷한 길이였다. 한편 왼쪽 척골은 형태가 틀어져 있었기 때문에 팔꿈치를 직각으로 굽힐 수 없었을 것이라고 추측할 수 있었다.

결론적으로, '네안데르탈인'의 두드러진 두개골 형태와 이마뼈의 비정상적인 발달은 개인적인 혹은 병리학적인 기형이라고 판단할 수 없었다. 이는 한 인간종에게서 나타나는 특징이라고 보는 것이 설득력 있었다. 생리학적 차원에서 볼 때, 일반적인 뼈의 두께보다 절반 이상 더 두꺼워 이러한 특징이 생긴 것이라고 추론할 수 있었다. 샤프하우젠은 이마뼈의 형태와 근육이 붙은 위치를 보아 네안데르탈인은 신체활동에서 엄청난 지구력과 힘을 지녔을 것이라고 생각했다.

이 의견에 반발하는 학회 학자들에 맞선 풀로트와 샤프하우젠은 마치 사자 우리 안에 던져진 고대 검투사처럼 전전긍긍하며 그들의 판결을 기다릴 뿐이었다. 당시 학계의 입장은 매우 적대적이고 비판적이어서 고집 센 풀로트의 사기를 떨어뜨릴 정도였다. 심지어 당시 독일의 저명한 병리학자이자 독일 진보당의 창립 멤버이기도 한 루돌프 피르호Rudolf Virchow와 영국의 과학자 카터 블레이크Carter Blake도 네안데르 계곡에서 발견된 것은 새로운 인간종의 화석이 아니라 젊은 시절 구루병에 걸려 노년에 관절염을 앓다 죽은 사람의 화석이라고 주장했다. 다른 유명한 학자 중에는 인간의 뼈는커녕 원숭이 등 인간이 아닌 동물의 뼈라고 주장하는 사람도 있었다.

한편 본에서 샤프하우젠의 동료였던 프란츠 요제프 카를 마이어도 맨 처음 풀로트가 뼈 화석 연구를 요청했을 때 아쉽게 놓친 기회를 다시 잡기 위해 뼈 화석 연구를 시작했다. 창조론을 지지하고 강력한 종교적 신념을 갖고 있던 마이어는 나름 냉정함을 유지하고 연구에 임하는 듯했다. 그러나 네안데르탈인의 대퇴골과 골반이 변형된 이유는 생전에 말을 많이 탔기 때문이라는 주장과 더불어 부러진 팔을 제대로 치료하지 않아 만성질환을 야기해 눈 주위가 두드러진 것이라고 주장했다. 마이어는 자신의 생각을 지나치게 확신한 나머지, 결국 뼈 화석의 주인은 1813~1814년 사이 프랑스 제국과의 전쟁 당시 자신의 군대를 버리고 도망친 러시아 기병이라는 황당한 결론을 내렸다.

당대 뛰어난 학자들의 이런 반응은 사실 당연한 것이었지도 모른다. 네안데르 계곡의 화석 말고는 새로운 인종의 발견을 입증해주는 화석도 없을뿐더러, 현재 인류가 나타나기 전 지구상에서 서식하다 사라진 인간이 또 있었을 것이라는 주장은 납득하기 어려웠기 때문이다. 하지만 이와 동시에, 진화론에 대해 학계가 이만큼 관심을 보인 것은 처음이었다. 계몽주의의 발전으로 19세기 유럽 사회는 조금이나마 종교적 교리, 미신 등 편협한 사고에서 자유로워지고 있었기 때문이다. 지식 사회의 중심에서는 언제나 과학적 논쟁이 벌어졌고, 언론에서도 끊임없이 보도했다. 스웨덴의 생물학자 칼 폰 린네Carl von Linné는 1750년대에 동식물종의 분류뿐만 아니라 동족성에 대한 연구를 집대성한 바 있다. 몇 년 전부터 유럽에서 화석의 개념에 관한 격렬한 논쟁이 벌어졌다. 오늘날 우리는 네안데르탈인의 첫 번째 화석이 1830년 즈음 벨기에 리에주 근처의 엥기스 동굴에서 발견되었고, 1848년 스페인 지브롤터 지역 동굴에서도 발견되었다는 것을 알지만, 당시에는 무시되었다. 만약 풀로트와 샤프하우젠이 학계의 반발에 좌절해 연구를 중단했더라면, 1857년 네안데르 계곡의 뼈 화석도 역사에서 사라졌을지 모른다.

학계의 반발을 뚫고, 풀로트와 샤프하우젠은 독일뿐 아니라 전 세계 과학계의 주목을 끌기 위해 노력했다. 네안데르 계곡에서 화석이 발견되고 2년이 지난 1859년, 찰스 다윈Charles Darwin은 『자연선택에 의한 종의 기원』을 발표한다. 지금은 너무도 유명한 영국의 진화론자 찰스 다윈도 진화론의 개념을 인간에게까지 확장하는 것을 조금 망설였다. 하지만 지구상에 존재하는 생물 전체에 적용된 그의 이론은 당시 큰 반향을 일으켰다.

같은 해, 풀로트는 '뒤셀 계곡 절벽의 동굴에서 발견된 인간 해골'

이라는 제목의 에세이를 출간하기로 결정했다. 출판사 편집자들은 저자의 주요 견해와 입장이 동일하지 않다는 문구를 책에 적어 시장에 내보냈다. 풀로트는 네안데르 계곡에서 발견된 뼈 화석은 빙하기 시대 원시 인류의 것이며, 학계를 선동하려는 것이 아니라 앞으로 발견될 화석에 대해 연구할 때 최종 판단을 신중하게 해야 한다는 말로 마무리 지었다. 그의 생각이 옳은 것인지는 역사만이 결정할 수 있었다.

1860년, 근대 영국의 지질학자 찰스 라이엘Charles Lyell은 네안데르 계곡을 방문했다. 그는 동료 과학자들의 은밀한 도움으로 네안데르탈인의 두개골 조각을 챙겨 영국으로 돌아왔다. 1863년, 다윈의 진화론에 열렬한 지지를 보내던 토머스 헉슬리Thomas Huxley는 풀로트와 샤프하우젠의 자료를 바탕으로 34년 전 엥기스 동굴에서 발견된 뼈와 네안데르탈인 뼈의 상관관계를 연구했다. 그리고 영국 지질학 교수 윌리엄 킹William King은 마침내 처음으로 이 화석이 인류의 한 종에 속한다고 결론 내렸다. 그러고는 같은 해 '네안데르탈인Homo neanderthalensis'이라고 이름 붙였다. 유인원 화석과 그 형태가 비슷하다고 확신했기 때문이다. 그럼에도 불구하고 이후 '네안데르탈인'이라는 명칭이 그대로 유지되었던 것은 호모사피엔스에 속하지 않는 별개의 종으로 보았기 때문이다.

1886년에 이르러 네안데르탈인 연구는 드디어 눈부신 발전을 이루었다. 역사가 답을 알려줄 것이라고 믿었던 풀로트의 바람에 부응이라도 하듯, 고고학자들이 벨기에의 스피 동굴에서 돌 도구 근처에 있던 거의 완벽한 형태의 네안데르탈인 해골을 두 개 발견한 것이다. 샤프하우젠은 이 소식에 기쁨을 감추지 못했고, 네안데르탈인의 존재를 입증하는 중요한 발견이라며 감격스러워했다.

1908년에는 프랑스 코레즈주 라샤펠로생에서 이루어진 본격적인 발굴 작업을 통해 기존 네안데르탈인의 뼈와 동일한 형태의 해골이 발견되었다. 이러한 일련의 발굴은 새로운 인간종의 존재에 대해 결코 부정할 수 없는 추가 증거가 되었다. 하지만 과학적 진보는 여전히 사회에 뿌리 박혀 있는 관념과 충돌했다. 라샤펠로생에서 네안데르탈인의 해골이 발견되었을 때는 반종교주의를 표방하는 언론사마저 "과거 새로운 인간종의 두개골이 발견됐다는 학자들의 주장은 현 인류가 한낱 원숭이의 후손이라는 허무맹랑한 소리를 믿게 하려는 중상모략"이라며 신랄한 비판의 글을 실을 정도였다. 기사 본문 한쪽에는 동굴 바닥에서 해골을 발견했던 수도사 장 부이소니Jean Bouyssonie가 네안데르탈인처럼 보이는 옷을 뒤집어쓰고 동굴 바닥에서 해골을 찾고 있는 풍자 그림까지 실렸다.

거친 풍파에도 불구하고, 오늘날 우리는 인간의 먼 조상에 대해 알 수 있게 되었다. 1859년 풀로트의 현명하고 번뜩이는 지혜 덕분에 네안데르 계곡에서 발견된 뼈 화석을 더 연구할 수 있었기 때문이다. 자연과학이라면 죽고 못 살던 아마추어 박물관학자는 끊임없이 나날이 발전하는 산업이 자연에 숨어 있는 작지만 희귀하고 가치 있는 것들을 점점 파괴하고 있다는 사실에 애통해했을 것이다. 그래서 당시 아직 개발되지 않았던 네안데르 계곡의 오른쪽 부분을 현세대뿐 아니라 후세대를 위해 최소한이나마 보존해야 한다고 주장하기도 했다. 하지만 많은 사람은 산업 발전을 향한 그의 아쉬움과 바람을 이해하면서도, 대리석 채굴 산업이 없었더라면 네안데르 계곡에서의 흥미로운 발견은 어쩌면 아주 오랫동안 과학적 관심 대상이 되지 못했을지도 모른다고 말한다.

아주 오랜 시간은 아니더라도, 네안데르탈인의 존재를 발견하기까지 수십 년은 더 걸렸을 것이라는 점은 사실이다. 대리석 채굴에 바빠 자신의 일 외에는 무관심한 채굴꾼들, 취미로 자연과학을 탐구하던 수학교사, 자기가 알고 있는 지식이 옳다고 확신하던 학자들, 강한 종교적 신념 때문에 다른 가능성은 전혀 생각할 수 없고 의문을 제기하려고도 하지 않는 당시 사회적 분위기 등 네안데르탈인의 뼈 화석이 발견된 1857년에 새로운 인간종의 가능성을 주장하기란 너무 어려운 일이었기 때문이다.

요한 카를 풀로트의 이야기는 세렌딥의 세 왕자처럼 뜻밖의 예기치 않은 단서를 바탕으로 추론해나간다는 의미로서 세렌디피티를 보여준다. 처음에 우연히 뼈 화석을 발견했던 채굴 작업장 관리자는 동굴에 살던 곰의 뼈라고 잘못 추론했다. 그러나 자연과학에 대한 애정으로 많은 지식을 갖고 있던 풀로트는 다른 눈으로 뼈 화석을 바라보았고, 마침내 그 기원에 관한 올바른 설명을 제시했다. 우연히 일어난 뜻밖의 발견은 결국 수많은 반대자를 물리쳤다.

이 이야기의 마지막 우연은 바로 네안데르탈인의 명칭에 숨어 있다. '네안데르탈'이란 말은 계곡 근처를 산책하기 좋아하던 목사의 이름을 딴 네안데르Neander, 독일어로 계곡을 뜻하는 '탈thal'이 뒤에 붙어 만들어진 것인데, 신기하게도 고대 그리스어로 네안데르란 새로운 인간, 즉 '신인류'를 의미한다. 기원전 100000~기원전 35000년에 살았던 인간의 흔적을 수만 년 동안 고이 간직하고 있던 이 계곡에 우연히도 아주 완벽하게 딱 들어맞지 않는가!

# 알프레드 노벨

1833~1896

## 그 순간, 1867

# 다이너마이트를 발명하다

매년 12월 10일은 과학계의 최고 이벤트라고 할 수 있는 노벨상 시상식이 열리는 날이다. 상은 총 다섯 가지로, 노벨 화학상, 노벨 물리학상, 노벨 생리의학상, 노벨 문학상, 노벨 평화상이 있다. 노벨상 수상자에 대해서는 우리가 잘 알고 있지만, 각 분야에서 가장 권위 있는 세계적인 노벨상의 탄생에 숨겨진 흥미진진하고 정말 소설 같은 이야기를 아는 사람은 많지 않을 것이다. 매년 노벨상 수상자들은 약 100만 달러의 상금을 받는다. 스웨덴의 발명가이자 노벨상의 창시자인 알프레드 노벨Alfred Nobel이 눈감기 직전에 느낀 큰 죄책감이 만들어낸 상과 상금, 그것이 바로 노벨상의 탄생 배경이다.

외롭고, 의기소침하고, 우울한 성격이었던 알프레드 노벨은 과학자이자 기업가이며 뛰어난 실력의 경영자였다. 특히 자신의 운명을 바꾼 무기 개발로 막대한 부를 쌓았다. 알프레드 노벨을 두고 누군가는 '평화주의자'라고 하지만, 또 다른 누군가는 '죽음의 상인'이라고 불렀다. 인류의 역사에 엄청난 변화를 가져온 발명품인 다이너마이트를 만든 장본인이기 때문이었다. 산과 도로를 폭파하거나 운하를 만들고 철도를 건설할 때 매우 유용하게 쓰이는 다이너마이트는 안타깝게도 어마어마한 전쟁 무기로 이용되기도 한다…….

알프레드 노벨은 군수업자로서 운명이 정해져 있었을까? 1833년 10월 21일, 스웨덴 스톡홀름에서 태어난 그는 건축가이자 발명가인 아버지 임마누엘 노벨Immanuel Nobel과 재력가의 딸이었던 어머니 카롤리네 안드리테 알셀Caroline Andriette Ahlsell 사이에서 셋째 아들로 태어났다. 그의 부모는 자녀를 여덟 명 낳았으나 그중 네 명만 생존해 성장했다.

알프레드가 태어난 해, 아버지 임마누엘은 자신의 건설 현장에서 불운한 사건이 연달아 발생해 결국 파산하고 말았다. 4년 뒤, 재기를 꿈꾸며 임마누엘은 가족을 떠나 러시아로 향했다. 남편이 상트페테르부르크에 머무르면서 새로운 사업을 시작하자, 스톡홀름에 남아 있던 안드리테는 작은 식료품점을 열어 생계를 꾸려나갔다.

임마누엘은 당시 수입이 좋은 군수물자 산업에 뛰어들어 경제적으로 조금씩 안정을 찾았고, 러시아 군대에 장비를 공급하기 위한 공장을 세워 사업을 확장했다. 군대 고위 관료들은 물론이거니와 러시아 황제에게 상트페테르부르크를 위협하는 해상의 적군을 물리치기 위해 사용할 수 있는 무기를 선보일 만큼 사업 수완이 뛰어났다. 임마누엘은 엔지니어로서 뛰어난 드로잉 기술을 발휘해 해군용 기뢰를 직접 디자인했다. 핀란드 걸프만 해저 바닥 몇 센티미터 아래에 묻을 수 있는 장치로, 나무 상자에 화약을 가득 채워 만든 간단한 기뢰였다. 쉽게 말해, 불청객이 찾아와 해상 통로 개방을 강요할 경우, 그것을 막기 위한 용도로 충분한 장치였다. 이후 임마누엘은 무기 개발 및 증기기관 엔진 설계에서도 이름을 알리기 시작했다.

이렇게 하여 노벨가家는 군수업 가문으로서 명성을 얻었다. 아버지의 사업이 순조롭게 진행되자 1842년에는 온 가족이 상트페테르부르크로 이주해, 러시아의 상류층처럼 대도시의 문화를 즐기며 부유한 삶을 누렸다. 임마누엘의 네 아들은 학교에 들어가지 않고 유명하고 실력 좋은 한 대학교수에게서 최상의 교육을 받았다. 수학, 물리, 화학뿐만 아니라 러시아어, 프랑스어, 영어, 독일어, 스웨덴어 등 다양한 언어를 습득하고 인문학, 철학, 자연과학까지 섭렵했다. 특히 알프레드는 이미 10대 때 5개국어에 능통했으며, 시문학 등 인문학뿐 아니라 과학에서도 남다른 소질을 보였다.

임마누엘은 아들들이 숙련된 기술자가 되어 자신의 사업을 물려받기를 원했다. 한편 알프레드는 집에서 선생님이 만든 화학 실험의 매력에 빠져 다른 형제들에 비해 홀로 있는 시간이 많았다. 다소 독립적인 성격 탓에 아버지의 사업과 어울리지 않았다. 그러나 아들이 군수사업을 이어가길 원했던 임마누엘은 알프레드가 화학공학자로서 학업을 마칠 수 있도록 유학을 보냈다.

1850년, 열일곱 살의 알프레드는 자신이 유독 좋아하던 도시, 파리에 정착했다. 당시 저명한 화학자이자 콜레주드프랑스Collège de France의 교수 쥘 펠루즈Jules Pelouze와 러시아에서 자신의 가정교사였던 니콜라이 지닌Nikolai Zinin 교수와 함께 연구를 시작했다. 펠루즈의 제자였던 이탈리아 화학자 아스카니오 소브레로Ascanio Sobrero도 이때 파리에서 만났다. 소브레로는 3년 전, 이탈리아 토리노에서 파이로글리세린pyroglycerin이라는 엄청난 폭발력을 가진 액체를 개발했었다. 글리세롤을 황산과 질산의 혼합물로 반응시켜 만든 무색의 투명한 이 액체는 니트로글리세린nitroglycerin으로도 불리며, 화약을 훨씬 능가하는 강력한 폭발력을 가지고 있었다. 소브레로는 펠루즈 교수와 주고받은 서신과 다양한 논문에서 이미 니트로글리세린의 엄청난 파괴력과 그 위험성에 대해 경고했었다. 니트로글리세린은 매우 불안정한 액체였기 때문에 약간의 열이나 충격을 가하면 자발적으로 폭발할 가능성이 높았다. 그래서 사용이 엄격하게 제한되고 있었다.

군수업자인 아버지의 사업을 곁에서 보고 자란 알프레드가 니트로글리세린의 폭발력에 관심을 갖게 된 것은 당연한 일이었다. 그는 니트로글리세린을 잘 활용하면 건설 작업을 가속화하는 이상적인 방법이 될 것이라고 생각했다. 그렇게 하려면 니트로글리세린의 폭발력을 통제할 방법을 찾는 것이 급선무였다.

니트로글리세린에 대한 호기심을 품고, 알프레드는 이듬해 미국 유학길에 올랐다. 미국에서 스크루 프로펠러가 장착된 최초의 전함을 개발한 스웨덴 출신 기계기술자 존 에릭슨John Ericsson을 만나기도 했다. 그리고 1852년, 알프레드는 전쟁 준비가 한창인 상트페테르부르크로 다시 돌아갔다. 군인으로서 전쟁을 준비하기 위해서가 아니라, 전쟁으로 사업이 번창한 아버지의 일을 돕기 위해서였다. 당시 러시아는 영토를 확장해 세력을 팽창할 기회를 노리고 오스만 제국, 프랑스, 영국, 사르데냐 연합군을 상대로 전쟁을 준비하고 있었다. 크림반도를 둘러싸고 전쟁이 벌어지는 동안, 러시아 군대는 임마누엘의 해상 기뢰 덕분에 상트페테르부르크 해역에서 적군의 침입을 막을 수 있었다.

크림 전쟁은 알프레드가 니트로글리세린을 연구할 기회를 제공해주었다. 아버지와 함께 상업적, 기술적 목적으로 니트로글리세린을 사용할 방법을 알아내기 위해 수많은 실험을 시작한 것이다. 그러나 1856년, 노벨 부자의 실험은 성공하지 못했다. 3년에 걸친 크림 전쟁이 러시아의 패배로 막을 내려, 그 영향으로 임마누엘의 사업도 파산의 길로 접어들었기 때문이다. 알프레드는 니트로글리세린으로 인해 사업이 더욱 번창할 것이라 기대했는데, 상황은 절망적이었다. 니트로글리세린을 이용한 새로운 폭발물을 제조하고 다루는 데서도 어려움이 계속되었다. 여러 가지 악재가 겹치자 알프레드의 부모는 결국 막내아들 에밀을 데리고 스웨덴으로 돌아갔다. 노벨 집안의 나머지 세 아들 로베르트Robert, 루드비그Ludvig, 알프레드는 상트페테르부르크에 머물면서 가업을 다시 일으킬 방법을 모색했다. 1859년, 당시 스물여덟 살이던 회사의 결정권자인 둘째 루드비그는 회사 채권이 3년 뒤 판매될 것을 고려해 첫째 로베르트와 함께 러시아 남부 유전개발 산업을 시작했다. 한편 알프레드는 니트로글리세린을 만들고 폭발력을 제한할 방법을 찾기 위한 연구에 뛰어들었다.

1859년부터, 알프레드는 니트로글리세린에만 몰두했다. 스물여섯 살의 청년 알프레드는 모든 위험을 감수하며 큰 사고 없이 실험을 진행했다. 그리고 얼마 후, 마침내 충분한 양의 니트로글리세린을 제조하는 데 성공해, 안정적인 폭발력을 설계하기 위해 다음 단계로 진입했다. 알프레드는 실험 결과를 아버지에게 꾸준히 우편으로 전달했다. 임마누엘은 아들의 실험에 진전이 있다는 사실에 힘입어, 자신도 니트로글리세린 실험을 시작했다.

한편 무모할 정도로 겁이 없었던 알프레드는 나무 상자 안에 니트로글리세린과 흑색화약을 섞고 흑색화약에 불을 붙여보았다. 새롭고 혁신적이면서 관리하기 쉬운 폭발물이 탄생한 것이다. 알프레드는 상트페테르부르크 교외의 얼어붙은 네바강 위에서 새로운 폭약의 폭발력을 수차례 실험했다. 아들에 비해 운이 없었던 임마누엘은 새로운 혼합물이 자신의 발명품이라고 주위에 이야기했지만, 알프레드는 편지에 자신의 연구 결과임을 명확히 밝혔다.

1863년, 서른 살의 나이에 아직 미혼인 알프레드 노벨은 마침내 스웨덴 스톡홀름으로 돌아왔다. 그리고 그해 10월, 아버지와 함께 스웨덴 정부에 니트로글리세린에 흑색화약을 섞어서 만든 폭약의 특허를 신청했다. 이후 간단한 방법으로 니트로글리세린을 제작하는 방법을 포함한 다른 연구들도 빠르게 진행되었다.

알프레드의 성공적인 연구들은 그를 기업가의 길로 조금씩 이끌었다. 그러던 1864년 9월, 스톡홀름에 있는 노벨가의 니트로글리세린 공장에서 엄청난 폭발이 발생했다. 공장 직원 네 명과 막내아들 에밀이 사망하는 큰 사고였다. 노벨 가족은 말할 수 없는 큰 슬픔에 빠졌다. 이 사고로 알프레드가 개발한 폭약의 위험성을 확신한 스웨덴 당국은 스톡홀름 도시 내에서 니트로글리세린 생산 금지 명령을 내렸다. 뛰어난 폭발력 때문에 니트로글리세린과 흑색화약을 섞어서 만든 폭약의 주문량은 계속 증가했지만, 폭발 사고가 잦아 폭약의 불안정성에 대한 우려도 일파만파 커져갔다.

하지만 알프레드는 포기하지 않았다. 폭발 사고로 발생한 물질적 피해를 회복하고 민심을 다시 얻기 위해 온 에너지를 쏟았다. 니트로글리세린을 생산하는 안전한 방법을 찾기로 결심한 알프레드는 스톡홀름의 대부호 J. W. 스미트J. W. Smitt를 찾아가 사업 투자를 부탁했다. 안타까운 폭발 사고로 동생을 잃은 지 한 달도 채 되지 않았지만, 알프레드는 주식회사를 창립했다. 훗날 이 회사는 산업용 니트로글리세린을 생산하는 세계 최초의 회사가 된다.

그 어느 때보다 열의로 가득했던 알프레드는 스톡홀름 남서쪽에 있는 멜라렌 호수에 떠다니는 낡은 바지선에 실험실을 만들어 위험한 연구를 계속 진행했다. 무모하고 위험했지만, 알프레드는 니트로글리세린을 여러 가지 물질과 혼합해보았다. 안정적인 폭발물을 기대했으나 결과는 계속해서 실패였다. 1865년 초, 알프레드의 회사는 멜라렌 호수의 작은 만에 위치한 빈테르비켄에 공장 및 부두 건설을 위한 공식적인 허가를 얻었다. 고립되고 절벽에 둘러싸인 장소여서 실험을 진행하기에 비교적 안전한 장소였다. 야외 외진 공간에서 실험은 다시 시작되었다. 실험 과정에서 작은 규모의 폭발 사고가 계속 발생했다.

그렇게 몇 달을 보낸 뒤, 알프레드는 나무 상자가 아닌 금속을 이용해 기폭장치를 제작했다. 작은 충격이나 미세한 열에도 쉽게 폭발할 수 있는 뇌관을 이용해 니트로글리세린의 폭발 가능성을 발견한 것이다. 시한장치가 달린 기폭장치는 폭발 순간을 조절할 수 있어, 폭발력을 통제하기 위한 연구의 성공적인 첫걸음인 셈이었다. 연구에는 엄청난 진전이 있었지만, 위험하고 불안정한 이 폭발물을 어떻게 저장하느냐가 문제였다. 1866년 봄, 일련의 폭발 사고가 다시 발생하자, 알프레드의 폭약에 대한 여론의 불신이 끊이지 않았다.

알프레드 노벨은 계속 시도했다. 오히려 연구에 대한 자신의 열정을 사람들에게 더 당당하게 표출했다. 1865년 스웨덴을 떠나 독일에 정착한 뒤, 함부르크에서 30km 떨어진 크뤼멜 지역에 42헥타르의 땅을 매입해 첫 해외공장을 세웠다. 스웨덴의 빈테르비켄과 환경이 유사한 크뤼멜은 알프레드에게 이상적인 장소였다. 모래 언덕 위에 위치해 인근 마을 게슈타히트를 위험한 실험으로부터 보호할 수 있고, 근처 엘베강을 따라 필요한 물품을 운송하기에도 최적의 조건이었다. 1866년 여름, 폭발력의 위험성을 우려한 정부와 몇 개월간 고군분투한 끝에 미국으로 건너간 알프레드는 특허를 획득하고 회사와 제조 공장을 설립했다.

그에게 막대한 재산과 동시에 끔찍한 명성을 가져다준 그의 인생에 가장 위대한 발견은 이듬해 탄생했다. 당연히, 뜻밖의 우연한 상황에서 말이다! 1866년 7월 12일, 알프레드가 미국에 머무는 동안 크뤼멜에 있던 그의 공장에서 폭발 사고가 발생했다. 피폐해진 공장을 정리하고 새로 짓기 위해 알프레드는 다시 독일 크뤼멜로 돌아왔다. 니트로글리세린의 안정성에 대한 연구는 여전히 진행 중이었다. 위대한 발명품이 탄생한 1867년 그날, 알프레드 노벨은 목숨을 잃을 수도 있는 기막힌 실수를 저질렀다.

알프레드는 크뤼멜 공장 바로 옆, 개인 실험실이 딸린 아주 단순한 구조의 집에서 생활하고 있었다. 그러던 어느 날, 실수로 니트로글리세린이 든 조그만 병을 바닥에 떨어뜨리고 말았다! 엄청난 폭발과 함께 이렇게 죽는구나 싶었다. 그런데 희한하게도 양발 사이에 떨어져서 깨진 니트로글리세린 약병에서 폭발이 일어나지 않았다! 놀라운 상황이었다. 곧 알프레드는 병이 깨진 자리에 규조토 모래가 있었다는 것을 알아차렸다. 규조토는 해양에 서식하는 미생물의 분비물이 바다나 호수 바닥에 쌓여 생성된 퇴적물로, 크뤼멜 지역 토양 대부분이 규조토로 이루어져 있었다. 뭔가 느낀 알프레드는 규조토로 니트로글리세린 용기 입구를 막아보았다. 그런데 놀랍게도, 규조토가 니트로글리세린의 70%가량을 흡수하는 것이 아닌가! 니트로글리세린 병이 규조토 위로 떨어져 깨진 순간, 규조토에 닿은 액체 상태의 니트로글리세린이 밀가루 반죽처럼 유연하게 잘 휘어지는 물질로 바뀌었다. 알프레드는 규조토를 섞은 니트로글리세린을 막대기 모양으로 만든 뒤 종이로 감쌌다.

정말 우연히 저지른 실수로 알프레드는 니트로글리세린의 불안정성 해결 방법을 찾아냄과 동시에, 그 위험성을 해소할 방법까지 발견했다. 25%의 규조토만 첨가해도 니트로글리세린은 사용하기에 안전하고 휴대도 용이하며, 위험한 폭발이 일어날 수 있는 큰 충격에도 민감하게 반응하지 않았다. 실제로, 규조토를 섞은 니트로글리세린은 골판지로 만든 튜브에 담아 불에 갖다 대도 폭발하지 않았다. 규조토와 니트로글리세린 혼합물은 오직 기폭 장치에 연결된 심지에 불이 붙었을 때만 폭발을 일으켰다.

알프레드 노벨은 이렇게 그리스어로 '힘'을 뜻하는 'dynamis'에서 이름을 딴 막대기형 다이너마이트를 발명했다. 그리고 여러 국가에 다이너마이트에 대한 특허를 신청했다. 다이너마이트가 가진 유일한 단점은, 규조토와 섞여 니트로글리세린의 폭발력이 조금 떨어진다는 것이었다. 영국에서 다이너마이트가 처음 사용되었을 때 확인된 폭발력은 화약보다 세 배 정도 더 약한 수준이었다.

모든 위대한 발명품이 그렇듯, 다이너마이트 역시 인류 역사의 한 획을 그었다. 철도, 항구, 교량, 도로, 광산, 터널 등 대규모 인프라 구축 사업에서 다이너마이트는 매우 유용하게 사용되었다. 다이너마이트가 대량 생산되면서 사용이 급격히 증가했고, 폭파 작업에 소요되는 비용과 시간도 현저히 감소했다.

1870~1880년에 알프레드 노벨은 유럽 전역에서 대대적인 다이

너마이트 사업을 벌였다. 막대한 부를 축적했고, 다이너마이트를 생산, 유통, 판매할 네트워크를 구축했다. 20개국 90개 넘는 지역에 다이너마이트 생산 공장과 실험실을 세웠다. 프랑스에서는 수도 파리와 파리 북동부 교외에 위치한 세브랑에 공장이 있었다.

늘 그랬듯이, 알프레드는 마치 고독한 늑대처럼 모든 연구와 업무를 직접 관리했다. 사회성이 부족한 편이어서 비서는커녕 홀로 일하기 일쑤였고, 기차나 보트를 타고 혼자 여행을 다녔으며, 자신과 잘 맞지 않고 불성실한 사업 파트너와는 관계를 끊어버리기도 했다. 알프레드는 스트레스와 함께 피부 통증을 자주 호소했다. 편두통에 자주 시달리며, 류머티즘 관절염, 위장염, 소화불량 등 여러 가지 만성 질환을 앓았다. 날개 돋친 듯이 생산되고 판매되는 다이너마이트 덕분에 알프레드의 사업은 이미 성공 궤도에 올랐지만, 그에게 삶이란 그리 즐거운 것이 아니었다. 길에서 누군가 자신을 알아보면 견디지 못했고, 혹여 낯선 사람이 악수를 청하거나 말이라도 걸면 고문을 당하는 것처럼 느꼈다. 극심한 고독감에 시달린 알프레드는 이제 겨우 마흔 살을 넘긴 중년의 신사였지만, 구인광고에 적은 글에서 스스로를 늙은 노인이라고 표현했다. "부유하고 유식한 늙은 노인 사업가의 비서가 되어 가사 업무를 맡아줄 수 있는 다양한 언어를 구사하는 여성을 찾습니다."

광고를 보고 알프레드를 찾아온 베르타Bertha는 잠깐 동안 알프레드의 집에 머물며 그의 일을 도왔다. 그녀는 오스트리아로 돌아가 아르투어 폰 주트너Arthur von Suttner와 결혼했지만, 수십 년 동안 알프레드와 우정을 이어갔다. 평화주의자였던 베르타는 반전 소설 『무기를 내려놓자!』의 저자이기도 하다. 한편 그녀의 소설은 전쟁에 관해서 분명한 입장을 밝힌 적 없던 알프레드 노벨의 마음을 흔들었다. 물론 애당초 다이너마이트를 무기로 활용하기 위해 개발한 것은 아니었지만, 군대에서 무기로 쓰이게 된 것은 어쩌면 이미 예상된 일이었다. 프로이센-프랑스 전쟁이 일어났을 때, 양국은 모두 다이너마이트를 사용했다. 알프레드는 다이너마이트가 살상 무기로 악용되는 것에 끊임없이 반대했다. 자신의 발명 의도와 다르게 사용되는 다이너마이트에 대한 책임을 부정하면서 말이다. 훗날 원자폭탄을 발명한 알베르트 아인슈타인Albert Einstein도 마찬가지였다.

그러나 자신을 향해 날아오는 비난의 화살 앞에서도, 군수업 가문의 자손인 알프레드는 결국 무기 사업에 본격적으로 뛰어들었다. 1887년에는 아예 군용으로 개발한 무연 화약 '발리스타이트Balistite'를 발명했다. 인생의 마지막 10년 동안 소총, 대포, 지뢰, 폭탄 등 발리스타이트를 이용한 여러 종류의 무기를 개발하기도 했다.

알프레드는 무기 개발 사업에 정당성을 부여하고 싶어, 대립하는 두 군대가 정면충돌할 수 없을 만큼 무시무시한 파괴력을 가진 강력한 물질이나 기계를 만드는 것이라고 설명했다. 1891년, 알프레드는 오늘날 '핵 억지력'[7]과 유사한 관점으로 다이너마이트의 전쟁 활용

7 핵을 이용한 선제공격을 단념하도록 만들기 위해 핵전력(核戰力)을 갖추는 것을 의미하며, 사실상 핵무기를 가리킨다.

에 대한 입장을 밝혔다. “나의 무기 생산 공장은 앉아서 평화를 논하는 것보다 더 먼저 전쟁을 막을 수 있을 것이다. 만일 적과 아군이 1초 만에 서로를 완전히 전멸시킬 무기가 있다는 것을 알게 된다면, 모든 문명국의 군대는 공포를 느껴 후퇴할 것이고, 전쟁을 중단할 것이며, 결국 각국의 군대는 해산될 것이다.” 과연 알프레드 노벨의 이 발언은 막대한 재산을 투자한 자신의 사업을 정당화하기 위한 그럴듯한 핑계일 뿐이었을까?

사업 목적을 설명한 알프레드 노벨의 언변에서 느낄 수 있듯이, 그는 비양심적인 사업가는 아니었다. 평소 시와 소설을 즐기며 문학적 소양이 뛰어났던 알프레드는 자신의 생각을 표현하는 방법을 아주 잘 알고 있었다. 프랑스의 대문호 빅토르 위고Victor Hugo와 종종 만남을 가졌고, 위고는 그를 “유럽에서 가장 돈이 많은 부랑자”라고 묘사하기도 했다. 알프레드는 시나 희곡을 쓰기도 했지만 출판하지는 않고 대부분 책상 서랍에 보관했다. 그와 우정을 이어가던 베르타 폰 주트너도 큰 영향을 주었다. 19세기 말, 평화주의 운동의 중심에 있던 그녀는 알프레드에게 자신과 함께 평화를 위해 힘쓰자고 수차례 설득했다. 그 후 유럽의 지정학적 상황을 예의 주시하던 알프레드는 오스트리아 평화주의 협회에 막대한 자금을 지원해 오스트리아 협회 회원으로 선출되었다.

사업가, 과학자, 발명가, 한편으로는 시인이기도 했던 알프레드 노벨의 모든 면모는 그의 죽음 이후 전부 나타났다. 결혼도 하지 않고 홀로 인생을 살아온 알프레드 노벨은 폭약과 무기를 생산하는 100여 개의 공장을 남긴 채, 1896년 12월 10일 이탈리아 산레모의 별장에서 뇌출혈로 사망했다.

친척들에게 지급하고 남은 알프레드 노벨의 유산은 스웨덴 화폐로 총 3150만 코로나로 집계되었고, 그는 자신의 유산으로 기금을 만들어달라는 유언을 남겼다. 그가 직접 작성한 유언장에는 기금에서 매년 나오는 이자를 지난해 인류에게 가장 큰 공헌을 한 사람들에게 상금으로 수여한다는 내용과 함께 다음과 같은 다섯 개 분야의 수상자에게 골고루 배분하라고 적혀 있었다. 첫째, 물리학 분야에서 가장 중요한 발견이나 발명을 한 사람. 둘째, 화학 분야에서 가장 중요한 발견이나 개선을 이룬 사람. 셋째, 생리학이나 의학 분야에서 가장 중요한 연구 및 발견을 한 사람. 넷째, 문학 분야에서 가장 뛰어난 이상적인 작품을 쓴 사람. 다섯째, 국가 간 우호 증진이나 군대의 폐지 및 축소에 기여한 사람 또는 평화회의 개최 및 추진에 가장 큰 공헌을 한 사람.

알프레드 노벨의 유언은 비교적 내용이 명확하지 않고 상세한 정보가 부족했다. 예를 들면, 각 분야 수상자를 선정할 때 각 위원회가 반드시 따라야 하는 규정이 없었기 때문에, 그의 가족들은 유언을 무효화해야 한다고 주장하기도 했다.

그렇다면 알프레드 노벨이 이렇게 다양한 분야의 노벨상을 만든 이유는 무엇일까? 이에 관한 평가는 다양하다. 생전에 이중적이고 모호했던 그의 태도 때문이라는 말도 있고, 한편으로는 평생 냉소적인 사업가로 살아왔던 그가 '죽음의 상인'이라는 오명을 지우고 싶었기 때문이라는 말도 있다. 또 죽음을 앞두고 다이너마이트와 발리스타이트가 전쟁을 종식시키거나 인류에 평화를 가져다줄 것이라는 순진한 자신의 생각과 달리, 악용된다는 것을 깨닫고 후회해서 노벨상을 만들었다는 이야기도 있다.

세간에는 자신의 발명품에 대한 후회가 노벨상 제정 이유라고 널리 알려진 듯하다. 알프레드 노벨이 사망하기 약 8년 전인 1888년 4월 12일, 프랑스의 한 신문에 '죽음의 상인이 죽었다'라는 제목으로 그의 거짓 사망 소식이 실렸다. 자신을 '죽음의 상인'이라고 부른다는 사실에 충격을 받은 알프레드가 아마 실제 사망한 뒤 세상이 기억하는 자신의 모습이 두려워서 노벨상을 만들게 되었다는 것이다.

다이너마이트의 발견은 우연한 실수로 원하던 것을 발견하는 일종의 가짜 세렌디피티의 완벽한 사례라고 할 수 있다. 1859년부터 1867년까지 알프레드 노벨은 8년 동안 니트로글리세린의 더 안정적이고 신뢰할 수 있는 사용법을 모색하는 데만 몰두했다. 그가 저지른 우연한 실수로 자칫 폭발과 함께 죽음으로 끝날 수도 있었지만, 운좋게도 그는 연구에 성공했다. 니트로글리세린이 들어 있는 유리병이 떨어져 깨진 바닥이 규조토로 되어 있었다는 일화의 완벽한 근거가 있는 것은 아니지만, 그럼에도 불구하고 그가 연구를 성공할 수 있었던 이유가 독일 크뤼멜의 지질학적 특성 때문인 것만은 분명하다. 앞서 이야기했듯이, 1867년 알프레드 노벨이 거주하던 크뤼멜 지역은 규조토가 풍부한 다공질 토양이며, 함부르크 알스터강의 지류와 엘베강에 위치하고 있었다. 만일 그가 공장을 독일의 다른 지역에 세웠더라면 다이너마이트의 발견은 결코 일어나지 않았을 것이고, 니트로글리세린은 여전히 취급할 수 없는 위험한 화학물질로 간주될지도 모른다.

알프레드 노벨의 이야기는 과학자가 만든 발명품을 사용하는 데 있어 다른 사람들의 책임은 무엇인가 하는 질문을 던진다. 1940년대, 알프레드 노벨과 비슷한 상황에 처했던 알베르트 아인슈타인은 1945년 제2차 세계대전 당시 일본에 원자폭탄이 투하된 이후 이런 말을 남겼다. "알프레드 노벨은 당시 가장 강력한 폭약인 다이너마이트를 만들었다. 아마도 그 사용에 대한 속죄와 함께 스스로 마음의 짐을 덜기 위해 만든 것이 노벨 평화상일 것이다."

# 프리드리히 미셰르

1844~1895

## 그 순간, 1869

# 수수께끼 분자, DNA를 발견하다

아이가 태어났을 때, 사람들이 꼭 물어보는 질문이 있다. 누구 닮았어? 엄마? 아빠? 아니면, 할머니? 할아버지? 유전암호가 저장된 DNA 분자를 통한 유전 현상은 누구나 잘 알고 있는 익숙한 사실이다. 오늘날 과학자들은 일 년 내내 먹을 수 있는 유전자 변형 과일이나 채소를 생산하고 동물을 복제할 수 있는 유전자의 모든 비밀을 밝혀냈다. 생물학의 한 분과인 유전학과 유전자 연구는 제임스 왓슨 James Watson과 프랜시스 크릭Francis Crick이 DNA의 이중나선 구조를 발견한 1953년 당시 첨단과학으로 간주되었다.

수십 년의 고된 연구 끝에 밝혀진 DNA 분자의 결정적인 특성은 비교적 최근에 알려졌지만, DNA의 학술적 용어인 디옥시리보 핵산 Deoxyribonucleic acid의 최초 발견은 150년 전으로 거슬러 올라간다. 1869년, 스위스의 생화학자 요한 프리드리히 미셰르Johann Friedrich Miescher는 세포를 구성하는 분자를 보다 자세히 연구하고자 했다. 백혈구 등 혈액 세포를 중심으로 연구하던 그는 당시 과학계와 마찬가지로 세포의 내부에 존재하는 단백질이 생명을 만들어내는 초석이며 유전의 원인이라고 생각했다. 그러던 어느 날 화학 실험을 하던 도중 예상하지 못한 특성을 가진 물질이 시험관 바닥에 가라앉아 있는 것을 발견했다. 그가 알고 있던 것과 전혀 다른 침전물이었다.

오늘날 인간의 생식 과정은 완벽하게 정립되어 있다. 우리 몸을 구성하는 각각의 세포에 존재하는 DNA 분자는 마치 악보를 가득 채워나가는 음표와 같다. 살아 있는 유기체(인간, 동물, 식물 등)가 형성되고 성장하는 데 필요한 모든 유전 정보를 담고 있기 때문이다. DNA의 유전암호는 질소를 함유한 네 종류의 염기, 즉 아데닌(A), 티민(T), 시토신(C), 구아닌(G)으로 반복해서 배열된다.

악보를 읽어 내려가며 곡을 재현하는 오케스트라의 지휘자처럼, RNA는 DNA의 염기 배열을 읽는다. RNA는 유전암호를 생성하며, 필요한 단백질을 직접 만든다. 그리고 세포가 사용하는 한 개 이상 유전자의 유전정보를 전달하는 중간 다리 역할을 한다. RNA도 아데닌, 시토신, 구아닌, 그리고 우라실(U) 등 네 종류의 질소를 함유한 염기의 반복적인 배열로 구성된다. RNA는 DNA의 염기 배열을 본떠 자신의 염기 배열을 만든다. 펩티드 결합[8]에 의해 22개의 아미노산으로 구성된 긴 분자, 즉 단백질을 생성하는 것이 바로 RNA의 임무다.

---

8 두 아미노산에서 한쪽 카르복시기와 다른 쪽 아미노기가 탈수해 생기는 일종의 산아미드 결합.

과학자들은 오랜 시간에 걸쳐 이렇듯 유전의 신비를 밝혀냈다. 당연히 과거 우리 조상들은 유전학에 등장하는 모든 학술용어의 개념은 알지 못했을 것이다. 아마 부모에게서 아이가 물려받는 '유전자'에 대한 개념도 몰랐을 것이다. 실제로 인류는 유전에 대해 오랜 시간 무지했고, 종족 간의 연관성을 설명하기 위해 다소 이상한 개념을 도입해 얼버무리기도 했다.

오늘날 고대 과학자들이 생각했던 유전의 개념을 듣고 있으면 웃음이 터질 정도다. 기원전 5세기경, 의사이자 철학자였던 히포크라테스Hippocrates는 한 인간의 모습과 그를 둘러싼 환경의 직접적인 관련성을 구축하려 했다. "인간, 인종, 개인은 험한 산 또는 숲에 비유할 수 있다. 일부는 초원과 습지에 비유할 수 있고, 또 일부는 건조한 평야에 비유할 수 있다. 계절에 따라 달라지는 자연의 모습처럼, 생명을 가진 모든 존재는 주위의 변화를 따르게 된다." 한 세기 뒤, 아리스토텔레스Aristoteles는 "신체가 절단된 부모는 똑같이 절단된 아이를 낳고, 절름발이는 절름발이를, 맹인은 맹인을 낳는다"고 말했다. 2세기에 로마와 페르가몬에서 활동한 그리스의 의사이자 철학자 갈레노스Galenos는 혼혈 아이를 낳은 백인 여성이 백인 남편에게 자신의 결백을 주장하며 잠자리 중에 침대 머리맡에 걸려 있던 에티오피아인의 초상화를 너무 보았기 때문이라고 말한 일화를 전한다. 같은 방식으로, 그는 예쁜 아기를 낳고 싶어 하는 못생긴 남성에게 침대 머리맡에 미남의 초상화를 걸어두라고 조언한다.

유전이 시각이나 상상력과 관련 있다는 생각은 오랜 시간 집단의

식을 지배했다. 17세기 프랑스의 철학자이자 신학자이며 오라토리오 수도회 신부였던 니콜라 말브랑슈Nicolas Malebranche도 시각의 영향으로 유전된다는 통념을 따랐다. "성 비오의 시성식[9] 그림을 끊임없이 바라보았던 여인은 약 1년 뒤 비오 성인과 똑 닮은 아이를 낳았다. 얼굴은 노인의 모습이었고 (…) 팔짱을 낀 채 아이의 눈은 하늘을 향하고 있었다. (…) 벽에 걸린 비오 성인의 초상화와 매우 흡사한 이 아이의 모습은 산모가 머릿속으로 떠올리던 그 모습이었다."

19세기 후반이 되어서야 유전에 관한 비교적 '과학적인' 의견이 등장하기 시작했다. 그 시기에 생물학에 관한 풍부한 개념이 정립되었기 때문이다. 루이 파스퇴르와 루돌프 피르호Rudolf Virchow는 새로운 세포는 다른 세포에 의해서만 나타날 수 있다는 사실을 증명함으로써 비활성물질에서 세포가 자발적으로 생성된다던 오래된 관념을 뿌리 뽑았다. 1857년, 같은 시기에 네안데르탈인이 발견되면서 각 인간종 사이의 연결고리가 증명되었고, 1859년에는 그 유명한 찰스 다윈의 『종의 기원』이 출판되어, 인간은 결코 '나무 밑에서 태어나지 않았다'는 것을 확신하게 되었다.

몇 년 뒤, 유전학의 아버지라고 불리는 요한 멘델Johann Mendel은 완두콩 실험을 통해 유전의 근본적인 법칙을 발견함으로써 유전의 개념에 대한 합리적인 시각을 제시했다. 농부의 아들로 태어난 식물학자 멘델은 그의 아버지와 어머니의 모습을 골고루 갖추고 있었다.

9 교회가 공경할 성인으로 선포하는 일.

멘델은 오늘날 우리가 '유전자'라고 부르는 것을 '인자'라고 표현하며, 완두콩 실험을 통해 자녀는 각 부모의 인자를 포함하고 있을 것이라고 추론했다. 또한 인자는 '우성'과 '열성'의 특징을 갖고 있으며 수정 과정에서 분리되고, 분리된 각각의 인자가 그 특성을 만들어낸다고 생각했다. 실제로 그러한지는 명확하게 설명하지 못했지만, 멘델이 종의 다양성에 기반한 일종의 유전암호에 따라 형성된다는 직감을 가졌던 것만큼은 사실이다.

대부분의 의학 및 생물학 저서를 보면, 유전학은 멘델의 발견과 DNA 분자가 이중 나선 구조라는 놀라운 사실이 밝혀진 1953년 사이에는 별다른 진보가 없었던 것처럼 보인다. 그러나 1869년 스물다섯 살의 한 무명 생물학자가 발표한 책은 어쩌면 유전학의 역사에 한 획을 그을 수 있었을지도 모른다. 프리드리히 미셰르, 그는 '생명 분자' DNA의 물질을 맨 처음 발견한 장본인이다!

요한 프리드리히 미셰르는 1844년 스위스 바젤의 과학자 가문에서 태어났다. 그의 아버지 요한 미셰르Johann Miescher와 외삼촌 빌헬름 히스Wilhelm His는 바젤 대학교 해부학 및 생리학 교수이자 의사였다. 그 덕분에 미셰르는 어린 시절부터 유명한 과학자들에 둘러싸여 뜨거운 과학적 논쟁을 곁에서 보고 들으며 자랐다. 의학을 공부하기로 한 것은 당연한 선택이었다. 열일곱 살에 바젤 의대에서 대학원 공부를 시작해, 6년 뒤 우수한 성적으로 졸업했다.

과학자 가문의 전통을 계속 이어가고자, 스물세 살 때 귀 전문의

가 되기 위한 공부를 시작했다. 그러나 생각만큼 쉽지 않았다. 어린 시절 장티푸스를 앓아 귀가 잘 들리지 않는 그로서는 환자와 소통하는 것이 어려웠다. 더 이상 의술에 매력을 느끼지 못한 미셰르는 자연스럽게 보다 이론적인 의학 공부로 방향을 돌렸다.

'생명의 이론적 토대'에 대한 미셰르의 관심은 점점 더 커져갔고, 1868년 가을에는 독일 튀빙겐으로 망명해 학술 연구 경력을 쌓기 시작했다. "세포 조직의 발달에 대한 최종 질문은 화학에 기초해야만 해결할 수 있다"고 말한 외삼촌의 영향으로, 미셰르는 당시 생화학의 선구자 중 한 명이자 최초의 생화학연구소를 설립한 펠릭스 호페자일러Felix Hoppe-Seyler를 찾아갔다. 네카어강 상류에 위치해 도시가 내려다보이는 중세시대의 성안에 실험실을 꾸린 호페자일러는 부엌이 있던 곳에서 연구하고 있었다. 그의 밑에서 일하는 나머지 학자들은 과거 세탁실이었던 자리에서 일하고 있었다.

호페자일러의 추진력을 따라, 프리드리히 미셰르도 세포의 화학적 구성을 밝히기 위한 연구를 했다. 미셰르는 백혈구와 함께 면역에 중요한 역할을 하는 림프구에 관심을 갖기 시작해, 림프구를 '가장 단순하고 독립적인 세포'라고 표현했다. 실제로 현미경으로 관찰했을 때, 림프구는 달걀 모양의 세포로, 세포 전체를 가득 채우는 매우 큰 핵을 갖고 있다. 미셰르는 우선 림프절에서 세포를 분리하려고 시도했는데, 림프구에서 모든 종류의 분석에 쓰일 만큼 충분한 양을 안전하게 얻는 것은 어렵다 못해 거의 불가능한 일처럼 보였다. 호페자일러는 같은 방식으로 더 다루기 쉬운 단핵세포인 백혈구의 다른 종류를 활용해보라고 제안했다. 미셰르는 병원에서 고름이 묻어 있는 붕대를 모아서 가져왔다.

사실 미셰르가 하고자 한 것은 세포 속 단백질의 구성을 정확하게 밝히는 일이었다. 단백질이 세포의 기능과 진화에 큰 영향을 줄 것이라고 생각했기 때문이다. 우선, 지질(지방분자)을 지닌 단백질이 실제로 세포의 주요 성분이라는 사실을 증명하는 것부터 시작했다(오늘날 알려진 것처럼, 자가복제할 수 있는 유기체의 가장 작은 생물학적 단위는 핵과 세포질을 포함한 세포막으로 구성되어 있다. 액체 형태의 세포질에는 단백질과 핵산 등 많은 분자가 들어 있다). 미셰르의 목표는 단백질과 지질을 분리해 그것들의 특성을 정확하게 묘사하는 것이었다. 그러나 실험은 순탄하게 진행되지 않았다. 세포에 존재하는 단백질이 너무 다양해, 당시 실험도구와 분석방법으로는 한계가 있었기 때문이다.

낙담할 수도 있었지만, 단백질 연구에 집착하던 미셰르는 예상치 못한 우연의 길로 접어들어 뜻밖의 발견을 할 때까지 끈질기게 실험을 이어갔다……. 생명체의 기본 분자에 대해 고민한 최초의 과학자가 될 운명의 분기점에 서 있었던 것이다…….

수차례 실험을 반복하던 미셰르는 세포 용액에 산성물질을 첨가해보기로 했다. 어떤 용액과 반응을 일으킬 수 있는 물질을 첨가하는 방식은 당시에도 용액의 구성 성분을 분석할 때 흔히 쓰였다. 그런데 산성물질을 첨가하자 시험관 바닥에 무언가 쌓이기 시작했다. 흔히 '침전물'이라고 하는 분자 응집체가 만들어진 것이다. 미셰르는 눈앞에 있는 침전물의 정체를 알 수 없었다. 그동안 한 번도 관찰된 적이 없었기 때문이다. 침전물은 산성과 접촉하면 계속 쌓여갔고, 강한 염기성 알칼리 물질을 넣으면 용해되었다. 미셰르는 화학 현상 중 하나라고 생각했지만, 자신도 모르는 사이 순수 DNA 물질을 최초로 발견한 역사적인 순간이었다. 제임스 왓슨과 프랜시스 크릭이 DNA의 이중 구조를 발견하기 무려 84년 전이었다.

미셰르는 도저히 이해할 수 없었다. 이 침전물은 도대체 어디서 생긴 것일까? 그리고 이건 무슨 물질일까? 깊은 고민 끝에, 1869년 "조직화학적 사실에 따른다면, 이 물질은 핵으로 간주할 수 있다"고 결론 내렸다. 그 당시 과학자들은 세포핵의 세포 내 기능이나 분자 구성 등에 관한 정보가 거의 없었다. 그 때문에 미셰르의 가설은 또 다른 추측과 논쟁을 불러일으켰다. 자신의 발견이 매우 중요하다는 것을 직감한 미셰르는 "세포핵의 화학적 구성에 대한 심도 있는 연구를 위해 우선 요구되는 세포로만 구성된 물질"이 있다고 생각했다.

미셰르는 미지의 침전물을 찾아내기 위해, 각 세포의 세포질에서 핵을 분리하는 실험을 계획하기로 결심했다. 수차례의 시련과 거듭된 실수 끝에, 마침내 그는 미지의 침전물을 완벽하게 생산하는 방법을 찾아냈다.

미셰르는 맨 먼저 고름이 잔뜩 묻어 있는 붕대를 묽은 황산나트륨 용액에 담가 백혈구를 추출했다. 붕대에 남아 있는 잔해를 마저 제거하기 위해 용액을 여과한 뒤, 세포가 침전하도록 1~2시간 놔두었다. 그러고 나서 현미경으로 백혈구를 관찰해 세포에 아무런 손상이 없는지 확인했다. 섬세함이 가장 요구되는 두 번째 단계는 이제껏 시도한 적 없는 실험으로, 세포질에서 세포핵을 분리하는 것이었다. 몇 주에 걸쳐 희석한 염산 용액으로 6~10번 세포를 씻어내고, 세포질 대부분을 제거했다. 그런 다음 물과 에테르를 혼합해 흔들어주었다. 그러자 지질 및 세포질의 잔여물은 에테르에 용해되는 반면 완벽하게 분리된 세포핵은 액상에 남았다.

분리한 핵을 여과해 현미경으로 검사한 미셰르는 "윤곽이 매끄럽고, 균일한 성분을 가지며 원래 크기보다 약간 작은, 완전히 순수한 핵"을 추출해냈다. 완전히 희석된 탄산나트륨 용액에 넣자, 핵은 크게 팽창하고 반투명하게 변했다. 다량의 염산 또는 아세트산을 첨가했더니 이번에는 불용성의 응집된 침전물이 생기고, 알칼리성 용액을 첨가했더니 다시 용해되었다.

미셰르는 세포핵의 분리 조건을 연구하면서 그가 발견한 새로운 물질이 단백질과 유사한 특징이 있긴 하지만 단백질과 다른 물질이라는 사실을 깨달았다. 1869년 2월 26일, 미셰르는 외삼촌에게 그가 발견한 내용을 적은 편지를 보냈다. "약한 알칼리성 액체를 이용한 실험에서 물, 아세트산, 희석한 염산, 식염수에는 녹을 수 없는 중화 용액에 침전물이 생성되었어요. 그런데 이 침전물은 어떤 유형의 단백질에도 속하지 않는 것 같아요."

세포핵에서 발견한 이 수수께끼 같은 물질에 그는 '핵산'이라는 이름을 붙였다. 그의 실험 방식으로는 충분한 양의 핵산을 분리하는 데 한계가 있었다. 그럴수록 미셰르는 핵산 연구에 대한 열망이 불타

올랐다. 하지만 더 많은 핵산을 얻기 위해서는 세포핵 주변의 세포질에 존재하는 단백질을 전부 제거해야 하니, 결코 쉬운 일이 아니었다. "그래서 저는 화학반응 실험에서 이미 사용했던 알부민 분자를 다시 이용해보기로 했어요. 단백질 분해에 효과적인 펩신 용액을요." 펩신은 단백질 분해 효소로, 위장에서 분비되어 단백질의 소화를 돕는 물질이었다. 미셰르는 DNA에 남아 있는 단백질을 완전히 제거하기 위해 펩신을 이용했다. 안타깝게도, 당시 펩신은 상업적으로 판매되는 용액이 아니었기 때문에, 돼지의 위장에서 직접 추출할 수밖에 없었다.

핵산에는 어떤 영향도 주지 않는 펩신을 이용해 세포를 화학 처리함으로써, 미셰르는 마침내 핵산이 단백질로 구성되어 있지 않다는 사실을 증명했다. 그리고 핵산의 정확한 화학 구성을 밝히기 위해 분자의 다른 원소들과 선택적으로 반응하는 몇 가지 화학물질을 이용해 핵산의 온도를 높여보았다. 다소 진부한 방식이었지만, 미셰르는 핵산에 존재하는 다양한 성분의 존재를 확인함과 동시에 그것이 단백질과 같은 유기분자에서 일반적으로 발견할 수 있는 탄소, 수소, 산소, 질소 등이라는 것을 알게 되었다.

한편 단백질과 달리 핵산은 황을 포함하지 않으며 오히려 다량의 인을 함유하고 있었다. 당시 인을 함유한 유기분자는 알려진 것이 없었다. 새로운 종류의 세포 물질을 직접 발견한 미셰르는 완벽주의자라는 별명에 걸맞게 마지막까지 신중을 기했다. "아직 확신할 수 있는 것은 아니지만, 침전물이 그냥 아무렇게나 생긴 것은 아닌 것 같아요. 무언가 화학적으로 밀접하게 연관 있는 물질들이 섞여 만들어진 물질인 것 같아요." 그러고는 편지 말미에 이렇게 적었다. "다른 어떤 물질과도 비교할 수 없는 '독특한' 이 화학물질을 더 연구해봐야겠어요."

1869년 가을, 독일 라이프치히 대학교에서 몇 개월간 연구하던 미셰르는 그의 첫 번째 책을 쓰기 시작했다. 주제는 백혈구의 화학조직에 관한 분석이었다. 같은 해 12월 23일, 미셰르는 아버지에게 편지를 보냈다. "제 테이블 위에 이름과 주소가 적힌 봉인된 상자가 있습니다. 제가 심혈을 기울여 작성한 원고가 들어 있어요. 튀빙겐에 계신 호페자일러 교수님께 보낼 생각입니다. 교수님이 거절하지만 않으신다면 아마 제 원고의 첫 단추는 성공적으로 끼워지겠지요." 사실 미셰르의 원고를 처음 읽었을 때 호페자일러 교수(과학 출판사를 운영하고 있었다)는 다소 회의적이었다. 너무나 혁신적인 결과에 믿을 수가 없었고, 무엇보다 스물다섯 살 젊은 화학자의 이야기라서 신뢰도가 부족했다. 호페자일러가 직접 실험 프로토콜을 만들어 재현하고 핵산을 눈으로 확인한 뒤에야 미셰르의 원고는 인정받았다. 마침내 출판하겠다는 확답이 떨어진 순간, 안타깝게도 프로이센-프랑스 전쟁이 터져 출판 일정이 늦어질 수밖에 없었다. 미셰르는 혹시라도 다른 과학자들이 자신이 발견한 핵산을 빼앗아갈까 봐 노심초사했다.

1871년, 마침내 미셰르의 원고는 두 개의 논문을 합쳐 출판되었다. 하나는 핵산에 대한 설명을 담은 것이고, 또 하나는 핵산의 발견을 입증하는 것이었다. 한편 과학계에서 조금씩 인정받기 시작한 미셰르는 바젤 대학 교수 자리를 제안받기도 했다. 바젤 대학에서도 핵산에 관한 연구는 계속했지만 튀빙겐에서 연구할 때보다 실험 환경이 열악했다. 친구에게 보낸 편지에서 미셰르는 "작은 실험실에서 학생들에게 둘러싸여, 간신히 구석에서 실험할 수 있을 정도"라고 말했다.

미셰르는 연구실에서 끈질기게 버티며 몇몇 척추동물의 정자세포 등 여러 생물학적 조직에서 핵산을 관찰해냈다. 특히 인근 라인강 유역에서 연어의 정자를 추출해 분석했는데, 여기서도 다량의 핵산을 확인할 수 있었다. 1874년, 미셰르는 척추동물의 정자를 분석한 결과를 발표했다. 그 내용은 오늘날 유전의 전이와 발달에서 DNA의 역할에 대해 알려진 사실과 매우 유사했다. 미셰르는 "수정될 수 있는 물질이 단 하나만 존재한다면, 그것은 분명 핵산일 것이다"라고 생각했다. 그러나 단 하나의 분자만이 유전의 원인이라고는 단정 짓지 않았다. 하나의 물질만으로 다양한 생물종을 생산할 수 있다고는 생각할 수 없었기 때문이다.

연어의 생애에 대한 관심이 늘어가자, 수수께끼 침전물에 대한 관심은 점차 멀어져갔다. 1870년대 중반에는 번식을 위해 매년 바다에서부터 차가운 라인강을 거슬러 오르는 연어를 해부해 그 상태의 변화를 연구했다. 산란기 연어의 생식기관은 눈에 띌 정도로 커져, 회귀하며 빠진 근육 대신 자리를 잡고 연어의 전체 무게의 4분의 1을 차지한다는 사실에 놀라기도 했다.

연구 활동에 대한 미셰르의 열정은 먹고 자는 것을 잊어버릴 정도로 뜨거웠다. 연구에 몰두할수록 외부 활동은 줄어들었고, 그의 몸은 하루하루 쇠약해졌다. 1885년에는 바젤에 해부학 및 생리학연구소를 설립하고 고지대 연구소에서 혈액의 구성과 변화에 대한 연구에만 집중했다. 이런 삶에 지쳐버린 미셰르는 우울 증세까지 보이기 시작했다. 1890년대 말에는 끝없는 연구로 그 증세가 더욱 악화되어, 결국 결핵에 걸려 교수직을 은퇴하고 스위스 알프스에서 요양하며 지냈다.

미셰르는 마지막까지 남아 있는 열정을 끌어모아 핵산 연구로 돌아가고자 했다. 핵산에 관한 미발표 결과를 포함해 연구 내용을 정리해서 기록으로 남기려고 했지만 더 이상 힘이 남아 있지 않았다. 라이프치히 대학의 예전 스승인 카를 루트비히Carl Ludwig는 그에게 위로 편지를 보냈다. "자네는 화학적 분석에 접근할 수 있는 모든 유기체의 핵심을 발견했네. 앞으로 다가올 수 세기 동안 세포는 더 연구될 것이며, 후대 사람들은 분명 자네를 혁신적인 과학자로 기억할 걸세."

1895년 8월 26일, 마침내 미셰르는 결핵으로 쉰한 살의 나이에 눈을 감았다. 빌헬름 히스는 자신의 조카가 사망한 뒤 루트비히와 같은 생각을 전했다. "생화학자로서의 미셰르와 그가 남긴 업적에 대한 평가는 저하될 수 없을 것이다. 더 높이 평가될 것이고, 그의 발견은 미래를 위한 유익한 씨앗이 될 것이다."

루트비히와 히스의 예언은 틀린 것이 없었지만, 미셰르에 대한 인정은 늦게 이루어졌다. 미셰르의 병적인 완벽주의 때문이었다. 그는 언제나 같은 동료들하고만 연구했고, 결과를 발표하기까지 너무 많은 시간을 할애했으며, 그것을 널리 알릴 방법도 알지 못했다. 미래를 내다보지 못한 미셰르는 결국 1세기 동안 무명 과학자로 남았고, 그의 연구는 1960년대가 되어서야 재평가되었다.

오랫동안 과학자들은 유전정보가 DNA보다 더 복잡한 분자인 단백질에 포함되어 있다고 확신했기 때문에, 세포핵에 대해서는 거의 알지 못했다. 1940년대 중반, 미국의 의사 오즈월드 에이버리Oswald Avery를 비롯한 몇몇 학자가 유전을 돕는 디옥시리보 핵산의 역할에 대해 탐구한 뒤부터 DNA 분자에 관심을 갖기 시작했다. 그렇게 1953년이 되어 제임스 왓슨과 프랜시스 크릭이 그 유명한 이중 나선 구조를 처음으로 발표했다. 자연스럽게 두 과학자는 DNA의 아버지로 간주될 수밖에 없었다. 우선 왓슨과 크릭은 그리 양심적인 과학자가 아니었다. 미셰르의 연구에 대해 의도적으로 언급하지 않았다.

게다가 그들의 연구에서 누구보다 가장 큰 역할을 했던 로절린드 프랭클린Rosalind Franklin을 완전히 제외시켜버렸다. 그늘에 가려진 이 여성 과학자는 DNA에 X선을 쏘아 최초로 DNA의 X선 회절 사진을 촬영했다. 그녀는 생명분자의 구조를 밝히기 위해 준비하고 있었다. 차마 그녀의 동료 모리스 윌킨스Maurice Wilkins가 X선 회절 사진을 왓슨과 크릭에게 마음대로 넘겨 배신할 것이라고는 상상도 하지 못한 채 말이다. 프랭클린은 왓슨, 크릭, 윌킨스 이 세 남자가 노벨상을 공동 수상하기 4년 전인 1958년에 난소암으로 사망했으며, 논문으로나마 미약하게 자신의 이야기를 전하는 것이 전부였다.

DNA 연구의 긴 역사에서도 우연은 역시 큰 부분을 차지한다. 맨 처음 미셰르는 단백질에 초점을 맞추어 세포의 기능을 연구했다. 물론 그가 찾기를 원했던 세포가 어떻게 작용하는가에 대한 대답을 발견한 것은 맞지만, 세포의 기능은 그의 생각과 모든 면에서 달랐다. 이때 예기치 못한 상황도 극복할 수 있을 만큼 준비된 투철한 연구정신은 수수께끼 침전물의 정체와 그 중요성을 밝혀내는 데 기여했다. 철저한 연구를 통해 이 침전물을 분석해야 한다고 생각하고 자신의 지식에 의문을 제기할 수 있는 능력 덕분이었다.

# 빌헬름 뢴트겐

1845~1923

## 그 순간, 1895

# 미지의 광선, X선을 발견하다

골절이 생기거나 치통이 있어 병원에 갔을 때, 제일 먼저 하는 것이 흔히 말하는 X-ray, 바로 X선 촬영이다. X선은 공항 검색대에서 흔히 쓰이며, 고고학자들의 연구는 물론 미술사학자들이 작품의 비밀을 탐구할 때도 사용될 정도로 매우 유용하다. 신체나 사물의 내부를 훤히 들여다볼 수 있도록 도와주는 X선은 두꺼운 피부나 표면을 넘어 빛을 투사해 검은색 화면에 흰색으로 음영을 만들어낸다. 지금도 신기하기만 한데, 1895년 말 X선으로 촬영한 살아 있는 인간의 손뼈 사진을 본 사람들은 얼마나 놀랐을까? 상상도 하지 못한 일이었을 테니 말이다. 당시 언론에서는 "감히 생각도 못한 기상천외한 발견!"이라고 소개했다. 독일 뷔르츠부르크 대학의 물리학연구소 소장이던 빌헬름 뢴트겐, 그는 이제껏 단 한 번도 밝혀진 적 없는 새로운 세계를 발견했다.

그 누구도 상상한 적 없고 누구의 눈에도 보이지 않던 X선이 시력 좋은 한 물리학자의 눈에 띄었을 때, 과학계는 X선이 무엇보다 현대 의학에 얼마나 혁명을 일으킬지에 주목했다. 역사상 최초로 노벨 물리학상을 수상한 물리학자 빌헬름 뢴트겐은 특유의 주의력으로 X선의 비밀을 밝혀냈다.

독특하고 고집스러우며 임기응변이 뛰어난 빌헬름 콘라트 뢴트겐Wilhelm Conrad Röntgen은 성격이 약간 까다로운 편이었다. 1845년 3월 27일 독일 레네프에서 태어난 그는 직물업자 아버지와 평범한 집안의 어머니 사이에서 태어난 외동아들이었다. 뢴트겐이 어렸을 때부터 특별한 소질이 있던 것은 아니다. 세 살 때, 그의 가족은 네덜란드 아펠도른으로 이주했고, 어린 시절 주로 기계를 만지며 놀던 뢴트겐은 그 이외 시간엔 들판과 숲을 뛰어다니며 놀기 좋아하는 소년이었다.

뢴트겐은 열일곱 살에 네덜란드 위트레흐트 기술학교에 입학했지만 학교 선생님의 모습을 우스꽝스럽게 그린 친구를 보호하다 대신 퇴학당했다. 학교 측의 부당한 처사로 대학 입학 자격마저 박탈당해 좌절했지만, 대신 스위스 취리히에 있는 기술전문학교 기계공학과의 문을 두드리기로 했다. 조금 어렵긴 하지만, 시험에 통과하기만 하면 입학할 수 있다는 사실에 뢴트겐은 최선을 다해 공부했고 당당히 입학했다.

스물세 살에 학업을 마친 뒤 이듬해 취리히 대학에서 가스에 관한 논문을 발표하고 박사 학위를 취득했다. 그렇게 자기 앞에 놓인 장애

물을 극복하고 기회를 포착할 줄 아는 야망 있는 젊은 학자의 면모를 서서히 드러내기 시작했다. 1870년, 뢴트겐은 지도교수인 독일의 저명한 물리학자이자 뷔르츠부르크 대학 교수 아우구스트 쿤트August Kundt의 조교가 되어 연구를 시작했다. 뷔르츠부르크에서 뢴트겐은 학문적으로 자신의 역량을 마음껏 펼치고 싶은 욕심이 있었다. 그러나 보수적인 성향의 교수들은 뢴트겐이 고등학교 시절 대학 입학 자격을 박탈당한 적 있다는 사실을 알게 되었고, 명문대학교 기계공학과에서 박사 학위를 받았어도 그를 환영하지 않았다.

앞길이 꽉 막힌 것 같은 상황에서 뢴트겐은 1874년 프랑스 스트라스부르로 이주해 스트라스부르 대학의 강사 자리를 얻었다. 이듬해 독일로 돌아간 뒤 농업학교의 교수로도 활동했다. 1876년 스트라스부르로 돌아가 물리학 강의를 하고, 3년 뒤 독일 기센 대학 물리학과장 자리에 올랐다. 1886년에는 예나 대학, 1888년에는 위트레흐트 대학으로부터 제안을 받기도 했다. 뢴트겐은 자신의 연구를 완벽하게 해내고 싶은 열망으로, 1888년 자신에게 등을 돌렸던 뷔르츠부르크 대학에서 물리학자 프리드리히 콜라우슈Friedrich Kohlrausch의 후임으로 물리학과장 자리를 제안했을 때 흔쾌히 승낙했다.

이후 꾸준히 연구를 이어가던 뢴트겐은 뜻밖의 사건으로 일약 세계적인 물리학자의 반열에 오른다. 뷔르츠부르크 대학 물리학연구소 소장으로 임명된 후 연구실 바로 위층에서 생활하던 뢴트겐은 1894년에 낮은 압력의 가스에서 전류가 통과하는 현상에 대한 연구를 진행하고 있었다. 뢴트겐은 일명 '크룩스관Crookes tube'이라고 불리는 진공방전관을 이용했다. 크룩스관은 금속으로 된 양극anode과 음극cathode이 양 끝에 붙어 있는 유리관이었다. 양극에 높은 전압을 가하면 크룩스관의 내부는 진공 상태가 되고, 그 정도에 따라 달라지는 색깔을 관찰하는 실험이었다. 관내 압력이 최소로 내려가면 초록색 혹은 파란색의 섬광이 나타났다.

뢴트겐은 '음극선'이라고 불리던 음극에서 발생하는 광선의 성질과 그것이 다양한 물체와 충돌했을 때 나타나는 모습을 분석했다. 당시 음극선의 성질에 대한 논의는 매우 뜨거웠다. 영국의 물리학자들은 음극선을 입자의 흐름으로 보는 반면, 독일의 물리학자들은 음극선을 빛을 전달하는 가상의 물질인 에테르의 진동으로 발생한 파동이라고 보았다.

음극선이 입자인지 파동인지 그 성질을 밝히는 데 큰 역할을 한 것은 바로 조지프 존 톰슨Joseph John Thomson 교수였다. 그는 1897년, 음극선은 음극에서 생성되어 양극으로 이동하는 음극선 입자, 즉 전자electron라는 사실을 규명했다. 이 연구의 업적을 인정받아 1906년에는 노벨 물리학상을 수상하기도 했다. 하지만 뢴트겐이 연구하던 시점은 그보다 12년 앞서 있었기에, 음극선이 전자라는 사실이 알려지지 않은 상황이었다.

아무튼 음극선의 성질에 대한 연구를 위해 뢴트겐은 우선 동료인 필리프 레나르트Philipp Lenard의 연구방법을 응용하기로 했다. 레나르트는 얇은 알루미늄 시트를 진공관에 덧대어, 음극선을 진공관 밖으로 내보내는 실험 방법을 활용하고 있었다. 특히 레나르트는 진공관 밖으로 새어나오는 음극선의 형광 효과에 대해 집중적으로 연구하고 있었다. 그의 방식을 응용해 실험을 재현해보았지만, 뢴트겐은 아직까지 특별한 연구 성과를 거두지 못했다.

대학교 학장으로 임명된 뢴트겐은 1년간 안식년을 갖고 레나르트가 주목한 음극선의 형관 효과를 더 자세히 관찰할 방법을 연구했다. 뢴트겐은 진공관 내부에 생성된 빛이 외부의 영향을 받지 않도록 완벽하게 불투명한 진공관을 이용했다. 그리고 형광 성질이 있는 백금시안화바륨 스크린을 통해 크룩스관에서 새어나오는 음극선의 형광 효과를 감지했다.

1895년 11월 8일, 뢴트겐은 빛이 통과할 수 없도록 진공관을 두꺼운 검은색 마분지로 감쌌다. 진공관 내부에서 발생하는 빛을 완벽하게 차단한 뒤, 형광 효과를 관찰하기 위한 최적의 환경을 만들었다. 방 안에 백금시안화바륨 스크린을 설치하고 나서, 실험이 성공할 것이라 확신한 뢴트겐은 진공관을 감싼 마분지의 불투명함을 확인하기 위해 밤이 되기만을 기다렸다. 실험실의 모든 조명을 끄고, 낮은 압력의 가스에 반복적으로 전하를 흘려보낸 결과는 성공적인 것 같았다. 빛이 완벽하게 차단된 어둠 속에서 음극선이 진공관의 벽에 부딪힐 때 발생하는 형광 효과는 두꺼운 마분지에 막혀 눈에 보이지 않았기 때문이다.

다음 실험 단계로 넘어가기 위해 크룩스관을 분리하려고 다가간 순간, 뢴트겐은 실험실 구석에서 희미한 발광을 발견했다. 나중에야 밝혀진 사실이지만, 뢴트겐이 발견한 청록색의 희미한 빛은 인간이 맨눈으로 관찰하기 매우 어려운 감도의 빛이라고 한다. 뢴트겐은 그것을 알아본 자신의 남다른 시력에 감사해야 할지도 모르겠다! 아무튼 뢴트겐은 캄캄한 어둠 속에서 희미하게 반짝이는 빛을 따라가 실험실 테이블 위에 아무렇게나 놓여 있던 백금시안화바륨 종이에서 발광한 것을 알아차렸다. 진공관에 수차례 전류를 흘리고 또 멈출 때마다, 빛은 나타났다 사라졌다. 진공관은 빛이 완벽하게 차단되어 있는데, 어떻게 된 일일까?

예상치 못한 결과에 당황한 뢴트겐은 백금시안화바륨 스크린과 진공관 사이에 다양한 사물을 넣어보았다. 물체가 끼여 있어도 섬광은 여전히 나타났다. 그런데 그 이유를 도저히 찾을 수 없었다. 확실한 것은, 이 섬광이 음극선의 영향으로 만들어진 것이 아니라는 점이었다. 음극선이 진공관의 벽에 막혀 차단되었다는 것이 이론상 옳기 때문이었다. 뢴트겐은 이해할 수 없었다. 음극선과 달리 광선은 자성에 이끌릴 수 없다. 더구나 음극선은 광선이 아니므로 반사되거나 굴절되지 않는다. 그래서 뢴트겐은 눈에 거의 보이지 않으면서 사물을 투과하는 성질을 가진 이 광선이 어쩌면 이제껏 알려지지 않은 새로운 종류라는 생각이 들었다.

50일 동안 실험실 밖으로 나오지 않고 연구에만 몰두하던 뢴트겐은 원인을 찾을 수 없다는 의미에서, 수학에서 미지수를 뜻하는 X를 따와 'X선'이라고 이름 붙였다. 새로운 광선이 틀림없다는 자신의 생각을 입증하기 위해, 뢴트겐은 1870년대부터 쓰인 사진 건판을 이용하기로 했다. 이것이 실제로 새로운 종류의 광선이라면 광자光子에 반응이 일어나는 사진 건판에 그 효과가 어떤 방식으로든 뚜렷하게 남을 것이라고 여겼다. 하지만 결과는 예상과 달랐다. X선에 사물을 비추었을 때 사진 건판에 남는 것은 희끄무레한 흔적뿐이었기 때문이다. 뢴트겐은 X선에 종이, 나무, 얇은 공책, 두꺼운 책 등 이것저것 터무니없는 사물들을 비추며 사진을 찍어보았다. 그 과정에서 X선의 특징을 완벽하게 알아차렸다. 바로 모든 종류의 물질을 통과하는 성질이 있었다! 다만 금속 물체는 X선이 침투하지 못하고 그림자처럼 사진에 흔적이 남았다. 이를 본 뢴트겐은 밀도가 낮고 두께가 얇은 물질일수록 X선이 더 잘 통과한다고 추론했다.

1895년 12월 22일, 뢴트겐은 기막힌 생각이 떠올랐다. 그의 아내 안나 베르타Anna Bertha의 손을 X선으로 찍어보기로 한 것이다. 25분 동안 아내의 손을 X선에 비추어 사진을 찍었더니, 놀랍게도 피부 속 손뼈와 함께 약지 손가락에 끼여 있는 반지가 선명하게 나타났다. X선이라는 새로운 광선뿐 아니라, 최초의 방사선 사진이 탄생한 것이다!

뢴트겐은 비밀리에 연구를 진행했다. 뢴트겐이 레나르트의 연구를 더 심화한 동기를 정확히 알 수는 없지만 X선을 발견하고 한 달 뒤, 친한 친구인 루트비히 젠더Ludwig Zehnder에게 보낸 편지에 뢴트겐은 이렇게 적었다. "나는 오래전부터 헤르츠Hertz와 레나르트가 연구해왔던 음극선에 관심을 갖고 있었다네. 시간적 여유가 생기면 개인적으로 연구해볼 생각이었지. 안식년이던 1895년 10월이 바로 그때였다네." 뢴트겐은 자신의 연구 결과에 겸손했던 것일까? 아니면

X선 발견의 우연성을 최소화하기 위함이었을까? 또 레나르트의 음극선 연구가 뢴트겐을 X선 발견의 길로 이끌었다는 것을 인정하는 것일까? 아니면 스스로 연구 방법을 고안했음을 강조하는 것일까? 진실은 아무도 모른다. 뢴트겐은 자신이 죽은 뒤 모든 연구 노트를 없애달라는 유언을 남겼다. 뢴트겐의 진심은 미궁 속으로 사라졌지만, 한 가지만은 확실하다. "나는 아무에게도 내 연구를 알리지 않았네. 오직 내 아내에게만 말했지. 훗날 사람들이 내가 남긴 무언가를 보고 '뢴트겐이 미쳤다!'라고 말할 만한 것을 말이야!"

많은 물리학자가 음극선의 성질에 대해 연구하고 있었기 때문에 뢴트겐은 가능한 한 빨리 자신의 연구를 알리고 싶었다. 뢴트겐은 기존 과학 저널은 출판하는 데 시간이 오래 소요될 것이라고 생각해, 1895년 12월 28일에 X선에 관한 첫 논문을 뷔르츠부르크 대학의 물리학 및 의학 협회에 보냈다. 1896년 1월 2일, 동료 학자들에게 자신의 연구 소식을 전하기 전에, 약 10페이지 분량의 X선에 관한 글이 발표되었다. 사진은 실리지 않았다. 하지만 어떤 이유에서였는지, 뢴트겐은 논문이 소개되기 전날 익명으로 독일의 학자 약 100명에게 X선으로 촬영한 사진을 여러 장 보냈다. 당시 맨체스터 대학의 물리학 교수였던 아서 슈스터Arthur Schuster는 훗날 그때 상황을 이렇게 묘사했다. "편지 봉투에는 아무런 설명도 없이 이해할 수 없는 여덟 장의 사진이 담겨 있었다. 하나는 손뼈가 보이는 사진이었다. 이 사진에 대한 설명을 듣고 싶어서 보낸 사람의 이름을 찾아보았지만 봉투에는 '새로운 종류의 광선에 대해서'라는 제목의 소논문뿐이었다."

뢴트겐은 젠더에게 보낸 편지에 또 이렇게 적었다. "그 뒤 아주 난리가 났네! 오스트리아 「빈Wiener」 신문이 처음으로 내 연구에 대해 기사를 싣고 뒤따라 다른 신문들도 소식을 전했다네." 유럽뿐 아니라 전 세계 곳곳에서 뢴트겐이 발견한 신비한 광선 이야기는 끊이지 않았다. 벨기에 신문 「로피니옹L'Opinion」 1896년 1월 8일 자 기사에는 이런 글이 실렸다. "뢴트겐 교수는 위대한 발견을 한 것임에 틀림없다. 전류가 흐르는 유리관에서 발생한 빛은 매우 강렬해, 마치 유리관을 통과하듯이 인간이나 동물의 피부도 통과한다. 이 빛을 이용해서 사진을 찍을 수도 있다. (…) 따라서 탄환이 몸에 박힌 총상 환자나 골절 상태가 까다로운 환자를 치료하는 의사들이 이 기술을 가장 적극적으로 활용할 수 있을 것이다. 환자의 몸속을 찍어 상처 부위를 자세히 들여다볼 수 있고, 총알이 박혀 있는 정확한 위치도 찾아낼 수 있기 때문이다. 더구나 상처에 직접적인 접촉이 없어 환자들도 진찰 과정에서 더 이상 고통을 겪지 않아도 된다."

프랑스의 신문 「르프티파리지앵Le Petit Parisien」 1월 10일 자에도 뢴트겐을 '위대한 물리학자'라고 표현하며 X선으로 촬영한 사진들을 실었다. "손뼈 사진은 가히 충격적이다! 손뼈는 물론 손가락 마디, 관절까지 모두 드러난다. 손가락의 윤곽은 전혀 알 수 없고 살아 있는 인간의 손이라고는 상상할 수 없는 해골만 드러날 뿐이다. (…) 이것이 얼마나 위대한 발견인지 더 이상 무슨 설명이 필요하겠는가!"

소식을 접한 독일의 황제 카이저 빌헬름 2세는 뢴트겐을 직접 황실에 초청했다. 1월 12일 일요일 오후 5시, 베를린성에서 뢴트겐은 황실 일가 앞에서 그의 연구에 대해 발표했다. 실험의 모든 세부 과정을 설명하고, 진공관을 보여주면서 눈앞에서 X선 촬영을 선보였다. 뢴트겐은 황제로부터 업적을 인정받아 훈장을 받기도 했다. 며칠 뒤, 뢴트겐은 독일 제국의회와 독일 연방상원의 초청을 받지만 거절했다. 1월 23일로 예정된 처음이자 마지막이 될 공개 강연을 위해서였다. 공개강연 이후, 과학계는 X선에 높은 관심을 보였고, 1896년 한 해 동안만 1천여 편의 관련 논문이 발표되었다.

뢴트겐은 이 영광의 순간이 행복하지만은 않았다. 수많은 과학자가 서로 뢴트겐의 X선으로 연구 업적을 쌓으려 했기 때문에 신경이 곤두설 수밖에 없었다. 뢴트겐은 직접 몸을 열어보지 않고도 인체의 내부를 들여다볼 수 있는 X선의 발견이 현대 의학의 발전에 중요한 역할을 할 것이라는 사실에는 초점을 두지 않았다. X선의 응용 가능성보다는 발견 그 자체에 더 의미를 부여했기 때문에 X선에 대한 과학계의 뜨거운 관심이 불편하게 느껴졌던 것이다. "며칠 동안 정말 넌더리가 났네! X선에 관한 소논문들을 보면 그것이 내 연구였다는 것을 알아볼 수도 없으니 말일세. X선 촬영 사진은 내 연구에 쓰인 하나의 자료일 뿐인데, 사람들은 그게 제일 중요하다고 생각하는 것 같네……. 소란스러운 상황에 내 시간만 허비했지 뭔가. 4주 동안 아무 실험도 못 했으니 말이야……."

한편 뢴트겐의 동의도 없이 베를린 군사병원에 '뢴트겐 진찰소'가

설립되었고, 1897년 가을부터는 모든 병원에서 X선 촬영 기기가 도입되었다.

1896년 3월 9일, 뢴트겐은 서둘러 '반론의 여지가 없는' 연구 결과를 담은 두 번째 논문을 출판했다. 몇 주간 연구를 멈춘 상태였기 때문에 다소 급하게 진행된 연구였다. 결과는 성공적이었지만 봄이 되면 이탈리아에서 늘 즐기던 휴가를 포기하고, 1897년 5월 13일 또 한 번 프로이센 과학 아카데미에 세 번째 논문을 게재했다. 이 논문에서 뢴트겐은 X선은 진공관의 벽에 음극선이 부딪혀 발생하는 것이며 '여러 방향으로' 방사된다는 것을 밝혔다.

이후 뢴트겐은 X선에 관한 논문 작업을 중단했다. X선을 최초로 발견하는 업적을 남겼지만, 과학의 대중화라는 명목으로 정확하지 않은 정보를 끊임없이 내보내는 언론에 신물을 느낀 까닭이었다. 그는 다른 학자들이 X선의 정확한 성질에 대해 더 진중하게 연구해주기를 원했다.

1901년, 뢴트겐은 역사상 최초로 노벨 물리학상을 수상했다. 그 후에도 여섯 명의 물리학자가 X선에 관한 추가 연구 공로를 인정받아 노벨상을 수상했다. 뢴트겐은 자신의 유명세에도 불구하고 늘 신중하고 겸손하며 정중했다. 재물에는 욕심이 없어 상금을 전부 거절했고, 오히려 성공의 회오리에서 벗어나고 싶어 했다. 독일 남부 바바리아 지역의 알프스산맥에서 자주 휴가를 즐기던 뢴트겐은 1923년 2월 10일 암에 걸려 사망할 때까지 그곳에서 여생을 보냈다.

독일의 막스 폰 라우에Max von Laue는 X선이 빛처럼 광자로 구성된 전자기파이며 높은 에너지와 주파수를 갖고 있다는 사실을 증명해 1912년에 노벨 물리학상을 수상했다. 음극에서 연속적으로 방출되는 전자가 멈출 때 발생하는 전자기파인 '제동복사bremsstrahlung' 효과에 따라 X선이 만들어진다는 것이었다. 즉, 음극관의 양극을 통과하는 동안 회절이 발생한다는 것이다. 1946년 막스 폰 라우에는 뢴트겐이 연구를 중단한 이유를 찾기 위해 그의 논문을 살펴본 뒤 이렇게 말했다. "뢴트겐 박사는 아마도 그가 쉰 살에 발견한 X선 그 자체에 매료되어 다른 가능성을 더 연구하지 못한 것 같다."

견디기 힘든 유명세, 다른 과학자들이 앞다퉈 진행한 심화 연구, 시기상조였던 X선의 활용 등 뢴트겐이 서둘러 X선 연구에서 손을 뗀 원인은 다양했다. 그래서 X선의 위험성을 제대로 확인하지 못했다. 무방비하게 X선이 계속 활용된 나머지, 1897년 초에는 X선에 장시간 노출된 피부가 전기화상을 입는 사건이 수차례 발생했다. 특별한 보호 장치 없이 X선 촬영은 계속 성행되었고 암에 걸리는 사람들이 증가했다. 그렇게 15년간, 손가락과 손 절단 및 사망하는 일이 빈번하게 발생했다. 의료계는 조금씩 X선 촬영의 유해성을 인지했고, 그 결과 방사선 방호법이 등장했다. 방사선에 노출되는 시간을 최소화하면서, 납으로 된 보호막 바로 뒤에 있던 방사선 작업자가 X선에 노출되지 않도록 원격으로 촬영하는 장치가 개발된 것이다.

X선의 발견은 사회적으로도 막대한 영향을 준 세렌디피티의 완

벽한 사례다. 뢴트겐이 오랫동안 부차적인 것이라고 생각했던 X선 촬영은 사실상 의학계의 엄청난 진보를 가져왔으며 언론이 주목한 전례 없는 과학적 발견이다. X선을 발견한 장본인이라는 것을 드러내기 위해 서둘러 연구 결과를 발표하고, 아무런 설명 없이 익명으로 아내의 손뼈 사진을 보내 동료 학자들의 호기심을 자극하는 등 과학계의 주목을 이끌 방법을 완벽히 활용했기에, 언론의 뜨거운 반응은 당연한 것이었다.

뢴트겐의 이야기는 오늘날 많은 과학자가 직면한 딜레마에 대해 일깨워준다. 연구를 더 발전시키고 재정적 지원을 얻기 위해 빠르게 소식을 알려야 할까? 아니면 연구에서 놓치는 부분이 발생하더라도 조금 더 신중한 편이 좋을까? 어느 쪽이든, 과학자는 자신의 연구 활동에서 반드시 필요한 지식의 공유에 대해 자유로울 수도 없고, 자유로워야만 하는 것도 아니다. 그러나 과학은 신성불가침 영역이 아니다. 어쨌거나 많은 사람이 과학을 이해할 수 있도록 변화는 필요하다. 대단한 것으로 포장해서도 안 되며, 복잡하더라도 대중에게 쉽게 설명되어야 한다. 잊어서는 안 된다! 대중의 공공기금을 기반으로 한 기초과학 분야의 연구는 모든 사람에게 제공될 때에만 그 의미가 있다는 것을.

# 앙리 베크렐

1852~1908

## 그 순간, 1896

# 방사선을 발견하다

지구가 탄생할 때부터, 방사선은 물질의 원자핵에 갇혀 우리 주변에 존재해왔다. 물리학의 네 가지 기본 상호작용[10] 중 하나인 약한 상호작용은 원자를 다른 원자로 변화시키는 힘이다. 원자가 붕괴해 발생하는 방사선의 발견은 여러 면에서 20세기 물리학에 한 획을 그었다. 악성 종양 치료 및 기타 응용 의학 분야의 치료는 물론, 에너지를 생산하고 고고학에서 연대 측정을 위해 사용되거나 심지어 핵무기로까지 응용되었다. 눈에 보이지 않는 방사선을 이렇게 다양한 분야에서 활용하기까지 아주 오랜 시간이 걸릴 수도 있었다.

빌헬름 뢴트겐이 우연히 X선을 발견한 것처럼, 프랑스 물리학자 앙리 베크렐Henri Becquerel은 날씨가 흐린 어느 날, X선처럼 눈에 보이

10 물질 구조의 질서를 유지하는 힘이나 소립자 상호 간의 충돌에 의해 일어나는 현상으로, 전자기 상호작용, 강한 상호작용, 약한 상호작용, 중력 상호작용이 있다.

지는 않지만 그 성질은 X선과 완전히 다른 방사선을 발견했다.

1896년 1월 20일, 월요일이면 늘 그렇듯 프랑스 파리의 과학 아카데미 회원들이 주례회의를 하고 있었다. 저명한 과학자들만 가입할 수 있어서 일반인들은 접근하기 어려운 지식인들의 모임이었다. 과학 아카데미에서는 진자역학, 공기의 순환에 대한 논의가 이루어지고 있었다. 이번에는 프랑스 수학자 앙리 푸앵카레Henri Poincaré가 연단에 오를 차례였다. 그는 빌헬름 뢴트겐으로부터 X선으로 촬영한 손뼈 사진을 서신으로 전달받은 몇 안 되는 행운아 중 한 명이었다. 푸앵카레는 진공관의 음극선을 연구하던 뢴트겐이 우연히 멀리 진공관에서 방출된 광선이 조금 떨어진 곳에 있던 백금시안화바륨 스크린을 감광시켰다는 사실을 전했다. 음극선이 진공관 벽에 충돌하면서 강한 형광 효과를 동반하며 X선을 방출한다는 내용이었다.

회의장 안이 술렁거렸다. 뢴트겐이 발견했다는 광선이 인간의 근육 조직은 전부 투과했지만 뼈는 투과하지 않고 그 모양을 그대로 남겨두었기 때문이다. 푸앵카레는 뢴트겐이 찍은 X선 촬영 사진과 당시 의사들이 재현한 사진들을 가져가서 회원들과 함께 돌려보았다. 뢴트겐 아내의 손뼈가 선명하게 드러나는 사진을 본 아카데미 회원들은 놀라움을 감출 수 없었다! 사진은 돌고 돌아, 드디어 인광(야광) 및 형광 현상을 연구하던 앙리 베크렐의 손에까지 전달되었다. 큰 충격을 받아 말문이 막힌 베크렐은 한참을 바라보았다. 수많은 천연 화합물을 관찰해오던 그의 머릿속에서는 X선과 형광 효과에 대한 질문이 끊이지 않았다.

사실 베크렐 가문은 대대로 형광 및 인광[11] 효과에 대해 연구해온 과학자 집안이었다. 앙리 베크렐의 할아버지는 프랑스 국방부 산하 공업대학인 에콜폴리테크니크L'École polytechnique 1기 출신으로, 과학 아카데미 회원이자 파리 국립 자연사박물관 물리학 교수였으며, 빛을 방출하는 해조류로 반짝이던 베네치아의 석호를 발견한 후 광전 효과 및 인광 현상을 전문적으로 연구했다. 그가 수집하던 형광성 물질에는 우라늄 결정체도 포함되어 있었는데, 나중에 아들에게 물려주었다.

앙리 베크레의 아버지 알렉상드르 에드몽 베크렐Alexandre Edmond Becquerel은 1837년 에콜노르말쉬페리외르L'École normale supérieure에 입학한 뒤 이듬해 에콜폴리테크니크에 진학했다. 자연사박물관에서 아버지의 조교로 일하기도 했다. 그 역시 과학 아카데미 회원이었고, 1863년부터는 인광성 물질 분류 연구에 크게 기여했다. 그 결과, 황산우라늄이 황산칼슘보다 20배 더 높은 인광 효과를 가지고 있다는 사실을 밝혀냈다.

앙리 베크렐이 과학자 가문의 전통을 이어나가는 것은 당연했다. 1852년에 태어난 그는 스무 살에 에콜폴리테크니크에 입학했고, 어려서부터 아버지의 연구에 참여했다. 베크렐 가문은 3대에 걸친 연

11 물체에 빛을 쬔 뒤 빛을 제거해도 장시간 빛을 발하는 현상 또는 그 빛.

구를 통해 형광 물질이 특정 파장을 가진 빛을 흡수하고 다른 파장의 빛을 바로 방출한다는 사실을 밝혀냈다(예를 들어, 형광 물질 중 어떤 것은 자외선을 흡수하고 푸른빛을 내뿜는다). 또 인광체는 조명을 일정 시간 비추면 어둠 속에서 빛을 발한다는 것도 알아냈다. 그러나 이렇게 신비한 자연현상의 원인은 아직 알아내지 못한 상태였다.

따라서 진공관의 벽에 음극선이 충돌할 때 뢴트겐이 발견한 X선이 방출되고 이것이 강한 형광 효과를 동반한다는 것을 알게 된 순간, 앙리 베크렐은 피가 끓어오르는 것을 느꼈다. 만약 어떤 형광 물질이든 스스로 X선을 내뿜는 것이라면 어떨까? 당시 형광의 성질이나 X선의 성질에 관해 입증된 사실이 아무것도 없었기 때문에 X선과 인광 성질의 관련성을 생각하는 것은 터무니없는 일이었다. 하지만 뢴트겐의 X선이 과학 아카데미에 소개되고 열흘 뒤 1896년 1월 30일 발표된 푸앵카레의 논문을 보고 베크렐은 자신의 직감을 믿어 보기로 했다. "유리가 뢴트겐의 광선을 방출해냈고 그 광선은 형광 효과를 나타냈다. 그렇다면 뢴트겐의 X선이든 아니면 다른 광선이든, 또 그 원인이 무엇이든 간에, 모든 발광물질은 X선을 발생시킬 수 있는 것 아닐까?" 앙리 베크렐은 서둘러 연구에 착수했다. 그의 연구는 역시 기막힌 우연과 함께, 예상치 못한 성공의 방향으로 흘러갔다!

앙리 베크렐은 우선 형광 물질에 의해 직접 방출되는 X선을 확인하려 했지만 쓰라린 실패를 맛보았다. 며칠 뒤 실망스러운 결과에 아쉬워하던 베크렐의 머릿속에 문득 아이디어가 다시 떠올랐다. 과학 실험에서는 단 한 번도 다루어진 적 없는 할아버지로부터 대대로 물려받은 황산우라늄과 황산칼륨 결정체를 이용해보자는 생각이었다.

베크렐은 인광을 유발하기 위해 몇 시간 동안 황산우라늄과 황산칼륨 결정체를 햇빛에 노출시켰다. 주변에 놓아둔 사진 건판이 결정체가 형광효과를 일으키며 방출하는 X선을 감지할 수 있을 거라고 생각했기 때문이다. 그런데 정말 놀랍게도 감광 현상이 일어났다! 베크렐은 음극선을 이용하지 않고도 X선을 감지할 수 있다고 생각해 그해 2월 24일 황급히 논문을 발표했다. "사진 건판을 두꺼운 검은색 종이로 덮어 건판이 하루 동안 햇빛에 노출되지 않게 했다. 종이 위에는 황산우라늄을 올려놓고 몇 시간가량 햇빛에 노출시켰다. 종이를 걷어내고 사진 건판을 확인했더니 황산우라늄에서 나온 빛에 사진 건판이 감광되어 결정체의 형상이 남아 있었다. 황산우라늄과 종이 사이에 동전이나 금속조각을 끼워 넣었을 때도 사진 건판 위에 그 형상이 나타났다."

반대로 황산우라늄을 올려두지 않았을 때는 사진 건판이 감광되지 않는 것을 확인한 뒤, 베크렐은 실험에 쓰인 황산우라늄이 인광효과를 일으켜 실제로 X선을 방출한 것이라고 결론 내렸다. 최초로 100% 자연 방사선을 발견한 것이라고 확신했다. 사실상 거의 모든 실험이 그렇게 믿도록 만들었다. 하지만 베크렐은 더 신중을 기했다. 논문에서는 직접적인 X선 언급을 피하고, "사진 건판을 덮은 불투명한 종이를 통과하고 발광물질의 형상을 남기는 방사선"이라고만 언급했다. 실제로 실험이 완벽하게 성공한 것은 아니었기 때문에 성급하게 결론 내리지 않는 편이 나았다.

한편 계속되는 변덕스러운 날씨에 베크렐을 애를 먹고 있었다. 실험 환경과 조건을 엄격하게 통제해서 진행해야 하는데 날씨가 도와주지 않았다. 한창 실험에 몰두하던 2월 말, 두꺼운 회색 구름이 태양을 가리고 하늘을 전부 덮어버렸다. 베크렐은 이미 검은 종이로 덮은 사진 건판 위에 얇은 조각의 황산우라늄을 올려 실험 준비를 모두 마친 상태였다. 황산우라늄 슬라이스와 사진 건판 사이에 십자가 모양의 구리 조각을 놓아 사진 건판에 십자가의 윤곽이 찍히기를 바라며 준비를 끝냈다. 다음 날 베크렐은 연구 상황에 대해 적은 서신을 과학 아카데미에 보냈다. "요즘 햇빛이 간헐적으로 비추기 때문에 해가 나면 언제든지 바로 실험할 수 있도록 종이로 감싼 사진 건판과 황산우라늄 사이에 구리 조각을 끼워서 책상 서랍에 넣어두었습니다."

며칠이 지나도 해는 나올 기미가 보이지 않았다. 기다리다 지친 베크렐은 서랍을 열어 준비해두었던 검은 종이로 감싼 황산우라늄과 사진 건판을 꺼냈다. 3월 1일, 마침내 그는 자신도 놀라고 세상도 깜짝 놀라게 할 놀라운 결과를 발견하기 직전이었다. 호기심인지 지루함인지, 아니면 날씨가 흐려도 실험을 계속하려는 그의 성실함 덕분인지, 베크렐은 아무것도 나타나지 않을 것이 분명할 사진 건판을 현상해보기로 했다. 그런데 이게 웬일인가! 놀랍게도 그의 예상이 완전히 빗나갔다. "아무것도 나타나지 않을 것이라고 생각했던 사진 건판에 십자가의 윤곽이 선명하게 남아 있었습니다!" 베크렐은 과학 아카데미에 보낸 편지에 이렇게 적었다.

믿을 수 없는, 아니 불가능한 결과였다. 태양 빛이 없어도, 황산우라늄에 빛을 쏘이지 않아도 광선이 발생하다니! 당시 과학계에서 알고 있던 사실과 전혀 다른 결과였다. 더구나 햇살이 비치는 맑은 날씨였다면 결코 발견하지 못했을 터였다. 더 놀라운 점은, 태양에 노출되었을 때보다 황산우라늄의 영향으로 사진 건판이 더 강하게 감광했다는 것이다. 황산우라늄에서 발생한 광선으로 인해 구리 십자가의 윤곽이 더 뚜렷했다.

다음 날인 3월 2일, 과학 아카데미 월요일 주례회의에서는 베크렐의 실험 이야기로 떠들썩했다. 베크렐은 동료 과학자들 앞에서 자신이 눈으로 직접 확인한 결과에 대한 놀라움을 감추지 못했다. 사실 베크렐은 자신이 X선을 발견했다고 여겼다. 황산우라늄이 가진 독특한 인광 성질 때문에 오랜 시간 놓아두니 뒤늦게 광선이 방출된 것이라고 생각했다.

며칠 뒤, 베크렐은 다른 황산우라늄을 이용해 자신의 기존 연구와 반대로, 즉 햇빛이 없는 실험을 진행했다. 실험이 반복되는 동안 그는 사진 건판이 계속 감광되는 것을 확인했다. 베크렐은 모든 우라늄 화합물, 심지어 인광 성질이 없는 것일지라도 눈에 보이지 않는 신비한 광선을 방출한다는 것을 알아차렸다. 한편 우라늄이 포함되지 않은 물질의 결과는 달랐다. 그렇다면 이 광선은 X선이 아니란 말인가? 그때부터 베크렐은 완전히 새로운 광선을 연구하고 있는 것이 틀림없다고 확신했다. 그리고 논리적으로 정체를 파악할 수 없는 이 광선은 우라늄 원자에서만 방출되는 것이라고 추론할 수밖에 없었다. 게다가 광선의 강도는 우라늄의 양과 직접적으로 연관되어 있었다. 처음에는 과학계에서 '베크렐선'이라고 부르던 것이 '우라늄선'이라고 불린 것도 이런 이유였다.

당시 우라늄선은 물리적인 발생 메커니즘에 대한 추가 정보도, 의학계의 혁명적인 발전을 가져다준 X선처럼 실질적인 활용 방법도 없었다. 베크렐의 발견은 점차 빛을 잃어가는 듯했다. 심지어 베크렐 자신마저 우라늄선의 연구에 흥미를 잃었고, 형광물질에 관한 이전 연구로 돌아가기로 마음먹었다. 그러나 마음 한구석에 여전히 발광 요인이 없어도 우라늄선을 방출하게 만드는 에너지의 원인에 대한 궁금증이 남아 있었다.

베크렐이 발견한 미지의 광선이 지닌 엄청난 잠재력은 1898년 퀴리 박사 부부의 공동 연구를 통해 비로소 밝혀진다. 베크렐의 발견에 자극을 받은 화학자들은 우라늄에 숨겨진 비밀을 알아내기 위한 연구에 뛰어들었다. 그중에서도 특히 마리 퀴리Marie Curie는 여러 광물에서 우라늄을 추출해 다양한 농도의 우라늄 표본을 만들고, 그 정도에 따라 방출되는 광선의 양을 측정했다. 베크렐은 퀴리 부부의 연구에 자신이 알고 있는 지식과 시간을 나누어주었다. 마침내 4월 어느 날 퀴리 부부는 우라늄보다 더 무겁고, 100만 배 더 강한 광선을 내뿜는 '폴로늄'이라는 새로운 원자를 발견했다. 몇 달 뒤에는 폴로늄과 비슷한 특성을 지닌 '라듐'까지 찾아냈다.

즉, 우라늄이 신비한 광선을 방출하는 유일한 원인은 아니었던 것이다. 베크렐과 퀴리 부부는 20세기를 맞아 핵물리학의 시작을 알리는 일련의 연구 결과를 발표했다. 그들이 발견한 원자는 연소 에너지보다 100만 배는 더 큰 에너지를 내뿜었다. '양날의 검'인 핵에너지는 그렇게 베일을 벗고 세상에 그 존재를 드러냈다.

앙리 베크렐, 피에르 퀴리와 마리 퀴리, 이후 영국의 물리학자 어니스트 러더퍼드Ernest Rutherford까지 연구가 이어지면서, 19세기 말에는 '빛을 방사한다'는 뜻의 라틴어 'radius'에서 기인한 '방사선'이라는 용어가 등장했고, X선과 뚜렷하게 구별되기 시작했다. 오늘날, 우리는 방사선이 불안정한 원자핵이 안정한 상태로 변하면서 발생한다는 것을 잘 알고 있다. 원자가 변하는 과정에서 X선보다 더 짧은 파장의 높은 에너지 광자와 입자가 방출되는 자연현상이라는 것을 말이다.

전자기장에 관한 연구와 함께 방사선은 α(알파), β(베타), γ(감마)의 세 가지 유형으로 나뉘었다. 전기장 내에서 방사선이 휘는 방향과 크기에 따라 알파선은 양전, 베타선은 음전하는 입자방사선이며, 휘지 않는 감마선은 전자기방사선으로 밝혀졌다. 자기장 내에서도 알파선의 입자가 베타선의 입자보다 훨씬 더 무거웠다. 과학자들은 분산

되어 있던 각각의 연구 결과를 모아 마침내 알파선의 입자는 헬륨의 원자핵이며, 베타선의 입자는 전자이고, 감마선은 높은 에너지의 광자라는 결론에 도달했다.

이제 우리는 1896년 해가 없는 흐린 날 베크렐이 발견한 것이 무엇인지 확실히 알 수 있다. 황산우라늄 조각에 존재하는 천연 우라늄 원자가 가벼운 토륨 원자로 바뀌었고, 그 과정에서 알파선, 즉 헬륨의 원자핵이 방출되었다. 그러나 헬륨 입자는 사진 건판을 덮은 검은 종이를 투과할 수 없기 때문에 건판을 감광시킨 것은 알파선이 아니었다. 토륨은 다시 프로탁티늄 원자로 바뀌었는데, 그 과정에서 전자가 다시 방출되었다. 프로탁티늄은 더 가벼운 우라늄으로 핵분열하면서 전자의 방출을 동반했다. 검은 종이를 뚫고 사진 건판을 감광한 주인공은 바로 이 입자들이었던 것이다.

1903년, 앙리 베크렐과 퀴리 부부는 방사선을 발견한 공로를 인정받아 공동으로 노벨 물리학상을 수상했다. 방사선이 인체에 미치는 직접적인 위험성에 대해서는 아직까지 정확히 알려진 것이 없다. 하지만 방사선의 첫 번째 피해자는 바로 베크렐이다. 바지 주머니에 라듐 표본을 넣어두었던 베크렐은 몇 시간 뒤 허벅지에 화상을 입었다. 한편 몇몇 의사와 제약회사들은 방사성 물질과 마법 같은 그 에너지를 피부 치료에 활용하기도 했다. 얼굴 크림, 치약, 좌약, 기능성 속옷, 초콜릿, 베이비파우더 등 라듐과 토륨이 들어간 제품은 셀 수 없이 많았다. 그러나 1930년대 들어 방사선이 암을 유발할 수도 있다는 사실이 밝혀지면서 제품 생산에 라듐과 토륨의 사용이 완전히 금지되었다. 심지어 마리 퀴리는 방사성 원소에 과도하게 노출되어 1934년에 백혈병으로 사망했다.

앙리 베크렐의 연구부터 시작해 핵에너지를 기반으로 한 주요 연구의 발전에 이르기까지, 방사선의 역사는 우연한 발견, 과학적 호기심, 지식에 대한 끝없는 탐구, 기술적 활용 등 모든 것이 아우러져 탄생했다. 그러나 핵무기의 개발과 그에 따른 비극적인 사건들은 과학적 지식의 사용에 대한 역사적, 윤리적 책임의 문제를 제기한다.

19세기 말, 뢴트겐에 이어 베크렐, 퀴리 부부에 이르기까지 과학의 발전은 수많은 상황이 어우러져 이루어졌다. 눈으로는 보이지 않았던 세계가 베일을 벗고, 당대 가장 위대한 학자들도 결코 예상하지 못했던 발견이 있었기 때문이다. 그러나 이러한 과학적 진보는 과학자들이 맞닥뜨렸던 예상치 못한 상황이나 실패를 뛰어넘고 기존 사고방식을 깨부술 수 있는 대범함이 없었다면 불가능했을 것이다. 그들은 성실한 지적 활동은 물론, 생각의 옳고 그름을 따지려 하지 않았으며, 눈앞에 놓인 사실과 직접 마주할 만큼 열정적이었다!

# 알렉산더 플레밍

1881~1955

## 그 순간, 1928

# 기적의 약, 페니실린을 개발하다

기적의 약, 페니실린은 1943년 치료 목적으로 사용된 최초의 항생제다. 전쟁이 한창 진행 중이던 그때, 미국인들은 페니실린을 이용한 새로운 항생제를 얻기 위해 몰려들었다. 새로 개발된 페니실린은 박테리아에 감염되어 폐렴, 수막염, 성병으로 고통에 시달리다 결국 사망에 이르는 환자들을 구하기 위한 20세기 최고의 의약품으로 자리매김할 준비를 마친 상태였다. 페니실린이 없었다면, 제2차 세계대전으로 인한 인명 피해는 더 심각했을 것이다. 부상이 심한 군인 상당수가 패혈증과 각종 세균에 감염되어 목숨을 잃었을 테니 말이다.

페니실린은 그 효능뿐만 아니라 탄생 배경 혹은 그 발견 과정 또한 기적이라고 할 수 있다. 만약 그 기적 같은 상황이 벌어지지 않았다면, 항생제의 탄생 또한 두 배는 더 지연되었을 것이다.

"우리는 모두 우연, 행운 혹은 운명이라는 것이 수많은 과학적 발견에서 상당히 중요한 역할을 했다는 것을 알고 있습니다. 그러나 우리는 무언가 새로운 발견을 한 과학자 중 그 발견이 어떻게 일어났는지 정확히 설명하지 못하는 사람이 많다는 사실을 간과합니다."

1945년 12월 10일, 스웨덴 스톡홀름에서 개최된 노벨상 시상식에서 노벨 생리의학상 수상자인 알렉산더 플레밍Alexander Fleming의 수상 소감이다. 겸손하고 투명하며 정직한 그의 태도가 그대로 드러난다. 순박해 보이면서 장난기 가득한 눈, 동그랗고 큰 안경, 새하얀 머리카락……. 노벨 생리의학상 수상자로 호명된 플레밍의 모습은 마치 어린아이가 사람들 사이를 비집고 뛰어오는 것 같았다. "수년 동안 노벨상을 수상한 학자들에 대해 공부했습니다. 저는 그들을 보며 감히 넘볼 수 없는 상류층 학자들이라고 생각했습니다. 오늘 그들 사이에 서 있는 제 모습을 보며 그들이 정말로 다른 부류의 사람들인지 문득 궁금해집니다. 그들이 과학자에게 가장 영광스러운 이 노벨상의 명예를 누릴 수 있었던 것은 깊은 사고 과정 덕분이었을까요, 아니면 행운의 여신이 함께했기 때문일까요?"

알렉산더 플레밍은 자신의 발견을 둘러싼 우연한 상황을 신비화하려고 하지 않았다. "저는 페니실린 덕분에 이 자리에 서게 되었습니다. 페니실린의 발견 이야기에는 제가 말하고자 하는 모든 것이 담겨 있습니다."

1881년 여름, 알렉산더 플레밍은 스코틀랜드 에어셔 지방의 한 농장에서 태어났다. 시골 소년이었던 그가 훗날 스웨덴 스톡홀름의 중심에 서게 될 거라고는 누구도 상상하지 못했을 것이다. 처음에 그의 운명은 어린 시절 아버지가 세상을 떠나고 6년이 지난 열세 살 때 다시 만난, 런던에서 안과 의사로 일하던 첫째 형 톰Tom에게 달려 있었다. 네 남매 중 막내였던 플레밍은 리젠트 공예학교에서 교육을 받았다. 안과 의사인 형의 영향으로 세인트메리 병원 의과대학 소속으로 일을 시작했다. 그리고 당대 유명한 박테리아 학자이자 면역학 전문가인 앰로스 라이트Almroth Wright의 연구실에 들어갔다. 플레밍은 일찍부터 유럽에서 몇 세기 동안 수많은 사람의 목숨을 앗아간 매독의 치료법으로 작은 명성을 얻고 있었다. 살바르산Salvarsan[12]을 혼합한 용액을 정맥에 투약해 치료하는 방법이었다.

제1차 세계대전이 발발했을 때, 플레밍은 군의관으로 프랑스에 파견되었다. 시골 병원에서 근무한 뒤 앰로스 라이트와 함께 불로뉴쉬르메르에서 일했다. 병원의 간이침대는 몸 일부가 절단되는 부상을 입은 병사들로 가득했다. 수많은 사람의 목숨을 앗아가는 비극적인 전쟁 속에서 겨우 목숨을 부지한 부상자들은 대부분 안타깝게도 박테리아에 감염되어 합병증에 걸렸다. 감염 환자 중 다수는 강력한 소독제를 이용해 치료했다. 그 과정에서, 플레밍은 소독제가 세균을 없애기보다 오히려 부상자의 자연적인 면역체계를 빠르게 저하시킨다는 것을 발견했다. 하지만 그가 발견한 사실만으로는 관례적인 치료법을 바꾸기에 역부족이었다.

12 비소.

전쟁이 끝나고 런던으로 돌아온 플레밍은 항세균제 연구에 돌입했다. 특히 독감처럼 그 원인이 세균 때문인지 바이러스 때문인지 아직 밝혀지지 않은 질병의 치료제를 개발하기 위해서였다. 박테리아 연구를 집중적으로 진행하던 플레밍은 어느 날 심한 독감에 걸리자 자신이 직접 실험 대상이 되기로 결심했다. 그러고는 자신의 콧물을 추출해 관찰하기 시작했다. 사실, 당시 플레밍은 단순 감기에 걸린 것뿐이었지만, 이 실험은 콧물에서 세균성 바이러스를 없애는 물질을 발견하는 계기가 되었다. 감기에 걸린 동료의 콧물뿐만 아니라 눈물에서도 동일한 물질이 발견되자, 플레밍은 분비물에 항세균 반응을 이끌어내는 공통적인 효소가 포함되어 있을 것이라고 결론 내렸다. 그는 이것을 '라이소자임lysozyme'이라고 불렀으며, 화학반응의 활성화를 가속화하는 촉매의 성질을 지닌 단백질 효소로 정의했다.

한편 라이소자임의 병원균 항생 능력은 낮은 편이어서 라이소자임을 치료제로 이용하는 것은 불발에 그치고 말았다. 하지만 그가 발견한 것은 최초의 천연 항생제나 마찬가지였다. 박테리아에 대한 그의 연구는 주로 독성이 강하고 인간뿐 아니라 동물에게서 수많은 감염 원인이 되는 포도상구균 계열에 집중되어 있었다. 그렇게 연구를 계속하던 어느 날, 우연히 조성된 기막힌 상황은 플레밍이 엄청난 발견을 할 기회를 제공했다.

1928년 여름, 플레밍은 의료연구위원회에서 출간될 도서에 실을 포도상구균을 주제로 논문을 준비하고 있었다. 기한 내 완성하려면 속도를 내야 했다. 플레밍은 세균의 색깔과 잠재적 유해성 사이의 관계를 알아내기 위한 연구를 진행하고 있었다. 플레밍은 동료들 사이에서 정리정돈을 못 하고 어수선한 성격으로 유명했다. 그의 성격처럼 뒤죽박죽 정신없는 실험실 책상 위에는 세균의 표본과 배양접시들이 흩어져 마치 세균들의 서식지 같아 보일 정도였다. 플레밍은 실험실 곳곳에 포도상구균을 배양하는 페트리 접시들을 그대로 둔 채 여름날의 멋진 날씨를 만끽하러 휴가를 떠났다.

몇 주 뒤, 다시 실험실로 돌아온 그는 엉망진창인 실험실에서 놀라운 광경을 목격했다. 포도상구균을 배양하던 접시에 푸른색 곰팡이가 피어 있었던 것이다. 상식적으로라면 곰팡이가 핀 배양접시를 모두 쓰레기통에 버리는 것이 당연했다. 플레밍은 그렇게 하는 대신 포도상구균 연구를 망치고 싶지 않아 침착하게 해결방법을 고민했다. 이 상황에 대해 논의할 동료를 기다리면서 말이다. 플레밍은 대부분 접시를 살균 용액에 담가버리고 어쩌면 원하는 연구 결과를 얻을 수도 있다는 생각에 곰팡이가 덜 피어 있는 접시를 그대로 보관했다.

곰팡이가 핀 접시를 가까이 들여다보던 플레밍은 한 가지 이상한 점을 발견했다. 곰팡이 주변의 포도상구균이 깨끗하게 녹아 있었던 것이다. 그 순간 호기심이 발동했다. 살균 용액을 빼고는 이렇게 포도상구균을 파괴하는 물질을 결코 본 적이 없었기 때문이다. 플레밍은 곧바로 곰팡이에 박테리아를 파괴하는 살균 물질이 포함되어 있다는 사실을 알아챘다. 서둘러 곰팡이를 떼어내 살펴본 뒤 그것이 페니실륨 노타툼Penicillium notatum에 속하는 곰팡이의 일종이라는 것을 발견하고는, 거기서 추출한 살균 물질을 '페니실린'이라고 이름 붙였다. 시간이 많이 흐른 뒤에야 알려진 사실이지만, 플레밍의 배양접시에 핀 곰팡이는 기막힌 행운이었다. 플레밍의 포도상구균을 사라지게 만든 그 곰팡이는 사실 바로 아래층의 병리학 실험실에서 올라온 것이었다. 게다가 1928년 여름은 굉장히 더웠다. 기온이 높아진 탓에 알레르기 반응을 유발하는 곰팡이에 대해 연구 중이던 아래층 실험실에서 곰팡이가 올라와 플레밍의 연구실까지 증식했던 것이다. 정말 말 그대로, 페니실륨 노타툼 곰팡이가 건물 벽을 타고 올라와 플레밍의 실험실에 놓인 포도상구균 배양접시 위에 자리 잡은 것이다.

플레밍은 노벨 생리의학상 수상 연설에서 이렇게 말했다. "저는 곰팡이는 물론이거니와 살균제와도 전혀 상관없는 주제에 대해 연구하고 있었습니다. 만약 제가 한 연구실의 일원이었다면 분명 이 같은 사고를 무시한 채, 진행하던 연구만 계속했을 것입니다. 그랬다면 아마 페니실린을 발견할 수 없었겠죠. 제가 노벨상을 수상하기 위해 지금 이 자리에 서 있지도 못했을 테고요."

플레밍은 페니실린의 발전이 여기서 끝이라고 생각했다. 곰팡이가 포도상구균뿐만 아니라 박테리아를 없애는 데 근본적인 역할을 한다는 것을 직감적으로 알아차렸다. 게다가 그것이 성홍열, 폐렴, 수막염, 디프테리아 등의 원인이 되는 세균에 대한 향균 효과도 있다는 것이 증명되었다. 하지만 페니실린의 효과는 몇 시간 지나서야 나타났고, 플레밍은 페니실린을 이용한 치료법이 인체에는 긍정적인 영향을 미치지 못할 것이라고 판단했다. 페니실린이 위산에 의해 파괴될 수 있고 몸속 박테리아를 박멸하기 전에 몸에서 제거될 것이라고 생각했던 것이다.

한 가지 더 큰 문제는, 무엇보다 페니실린 배양이 어렵다는 점이었다. 안정적인 효과를 확인하기 위해 연구할 충분한 양을 생산할 수 없는 게 현실이었다. 그럼에도 불구하고 플레밍은 큰 관심을 얻지 못했지만, 1929년 『영국 실험병리학저널』에 페니실린 관련 연구 결과를 소개했다. 치료제로서 페니실린의 잠재성에 대해 큰 확신이 없던 플레밍은 다시 백신 연구로 방향을 돌렸다. 그렇게 10년이 더 흐른 뒤에야 페니실린은 '기적의 약' 반열에 올랐고, 두 번째로 찾아온 뜻밖의 행운과 제2차 세계대전 발발로 큰 반향을 불러일으켰다.

당시 과학계는 박테리아를 박멸하기 위한 다른 치료법 연구에 온 관심을 쏟고 있었다. 독일의 생화학자이자 세균학자인 게르하르트 도마크Gerhard Domagk는 1931년 초, 염료 연구 과정에서 연쇄구균 감염에 완벽하게 맞서고 쉽게 합성이 가능한 술폰아미드sulfonamide를 발견했다. 그 후 경구 투여할 수 있는 프론토질Prontosil이라는 의약품을 대량 생산해 상업적으로도 큰 성공을 거두었다. 유럽에서 시작해 대서양을 건너서까지 입증된 프론토질의 성공은 언론의 독보적인 지지를 받았다. 1936년 12월 28일 자 『타임』지에는 프론토질이 연쇄구균에 감염되어 위독한 상태에 있던 루스벨트 대통령 아들의 목숨을 구했다는 기사까지 실렸다. 1939년 게르하르트 도마크에게 노벨 생리의학상 수상의 영광을 안겨줄 만큼 프론토질의 개발은 위대한 성공이었다.

그러나 참혹한 세계대전이 또 한 번 일어나면서 프론토질은 급격히 그 한계를 드러내고 말았다. 과학자들은 심각한 부상을 입은 군인들을 치료하기 위해 보다 강력하고 효과적인 치료법이 절실했다. 플레밍이 당시 이러한 학계의 움직임을 인지하고 있었던 것은 아니지만, 1938년부터 세 명의 동료와 함께 10년 전 자신이 발견한 페니실린 연구를 진행해오고 있었다. 옥스퍼드 대학교 병리학연구소의 하워드 플로리Howard Florey, 독일 나치의 유대인 탄압을 피해 영국으로 도망쳐온 젊은 생화학자 언스트 체인Ernst Chain, 생화학자 노먼 히틀리Norman Heatley와 함께 페니실린의 대량 생산 방법을 연구했다. 페니실린을 투여한 역사적인 첫 번째 환자는 장미 덤불에 얼굴을 긁혀 사경을 헤매던 경찰관 앨버트 알렉산더Albert Alexander였다. 가시에 찔린 상처가 패혈증을 일으켜 결국 사망했지만 말이다. 프론토질을 먹고도 아무런 효과가 없자, 병원에서는 치료의 일환으로 페니실린을 주사하기로 했다. 총 4회 640mg의 페니실린을 투약했는데, 당시 생산된 페니실린을 거의 모두 투약한 것이나 마찬가지였다. 결과는 기적적이었다! 환자의 상태가 호전을 보이기 시작한 것이다. 그러나 효과는 오래가지 못했고 한 달 뒤 패혈증이 재발했으며, 결국 완치는 불가능했다.

페니실린을 대량으로 생산하려면 어떻게 해야 할까? 바로 이것이 첫 번째 페니실린 투약이 남긴 과제였다. 플로리는 영국에서는 페니실린을 대량으로 생산하기 어려울 것이라고 생각했다. 당시 영국의 화학 산업은 전쟁에만 몰두하고 있었기 때문이다. 그래서 플로리와 그의 동료들은 1941년 대서양을 건너 미국으로 가기로 결정했다. 당시 미국의 제약 산업과 인프라는 페니실린처럼 수익성 높은 의약품의 대량 생산을 지원할 수 있는 적합한 환경이었다. 그렇게 하여 페니실린의 대량 생산 연구는 미국 일리노이주 피오리아 지역의 배양을 전문으로 하는 기관에서 이루어졌다.

몇 주 뒤, 앤드루 모이어Andrew Moyer 박사가 이끄는 팀은 새로운 기술 도입과 함께 작은 성공을 거두었다. 옥수수에서 추출한 용액을 이용해 페니실린 생산량을 높이는 방법이었다. 그동안 옥스퍼드에서는 배양접시 표면을 이용해 배양했다면, 이번엔 배양기 용액 속에 잠기도록 하는 배양 방법을 이용했다. 기존의 재배 방식보다 훨씬 더 효과적이라는 것을 증명하긴 했지만 생산량은 여전히 부족했다. 모이어 박사 연구 팀은 더 효율적인 페니실린 생산효소, 즉 페니실린 활성제를 포함하고 있는 곰팡이를 찾기 위해 전력을 다했다. 전 세계 곰팡이 표본을 모으다보니 연구실은 온통 곰팡이투성이였다. 그때까지만 해도 어떤 행운이 그들을 향해 다가오는지 아무도 예상하지 못했다.

어느 날 연구실 비서 업무를 담당하던 메리 헌트Mary Hunt는 점심을 먹기 위해 피오리아의 과일 시장을 거닐고 있었다. 그때 시장 뒷골목 바닥에 썩은 멜론이 널브러져 있었다. 그녀는 연구실 연구원들이 한창 곰팡이에 열중해 있다는 것을 누구보다 잘 알고 있었다. 황당해하는 과일 장수의 눈빛을 뒤로한 채, 메리 헌트는 곰팡이가 핀 멜론을 들고 연구실로 돌아와 동료들에게 보여주었다. 멜론에 핀 곰팡이는 놀랍게도 연구의 결정적인 단서가 되었다. '메리 곰팡이'라고 부른 이 곰팡이는 바로 플레밍이 발견했던 페니실륨 노타툼보다 페니실린의 생산성을 200배 더 높여주는 푸른곰팡이, 페니실륨 크리소게눔Penicillium chrysogenum이었던 것이다! 더구나 X선과 자외선을 이용하면 푸른곰팡이는 더 빠르게 번식할 수 있었다.

1942년 3월, 미국 코네티컷주에서 페니실린은 다시 한 번 그 기적적인 잠재성을 발휘했다. 견습 간호사였던 앤 시프 밀러Anne Sheaf Miller는 미국 예일 대학교가 있는 뉴헤이븐의 한 병원에서 죽어가고 있었다. 서른세 살의 이 여성은 포도상구균에 감염되었는데, 당시 포도상구균 감염은 사망으로 이어질 수도 있는 치명적인 질병이었다. 그녀는 음식 섭취를 잘 못하고 체온이 42도까지 올랐다. 병원에서는 그녀를 치료하기 위해 온갖 방법을 시도했다. 프론토질 투약은 물론 수혈과 수술도 해보았지만 아무 소용 없었다. 필사적이던 의사들은 뉴저지에 있는 한 대학에서 아직 그 효과가 증명되지 않은 페니실린을 구해 마지막 희망을 걸어보기로 했다. 페니실린을 투약한 그날 밤, 앤 시프 밀러의 체온이 떨어지기 시작했다. 다음 날에는 마침내 의식을 회복했고, 페니실린을 투약한 지 24시간 만에 스스로 음식을 삼킬 수 있었다. 그렇게 해서 그녀는 완전히 회복했다. 1999년에 아흔 살의 나이로 사망한 앤 시프 밀러는 페니실린이 구한 첫 번째 환자였다.

페니실린의 대량 생산을 위한 준비는 어느 정도 완성된 상태였다.

하지만 안전성이 완벽하게 확인되지 않은 페니실린 개발에 막대한 시간과 돈을 투자해줄 제약회사들을 설득하는 일이 남아 있었다. 제약회사 화이자Pfizer의 연구원 존 스미스John Smith는 "곰팡이는 오페라 가수의 목소리만큼이나 변화무쌍하고, 생산량은 낮으면서 따로 보관하는 것이 어렵다. 하지만 아직 페니실린의 생산량은 부족하며, 개발을 중단하면 수많은 목숨을 잃게 될지도 모른다"고 말하기도 했다. 하지만 제2차 세계대전과 함께 병원균이 확산되던 혼란의 시기여서 다른 선택의 여지가 없었다. 미국은 참전한 육군 병사들의 부상을 치료하기에 충분한 양의 페니실린을 확보하고자 했다. 1943년 루스벨트 대통령이 자재 및 연료의 재고를 관리하기 위해 세운 전지생산위원회The War Production Bureau는 페니실린의 생산을 늘리기 위한 책임을 맡았다. 위원회는 미국 정부의 재정 지원을 받아 페니실린을 생산 및 배포하기 위해 총 21개의 제약회사를 선정했다. 이 계획의 책임자였던 앨버트 엘더Albert Elder는 각 제약회사의 담당자들에게 당부했다. "페니실린의 생산으로 단시간에 많은 생명을 구할 수 있다는 것을 언제나 상기하십시오. (…) 공장의 모든 근로자가 인지할 수 있도록 공장 안에 슬로건을 붙이고, 직원들의 월급봉투에도 기재하십시오!"

'기적의 약'이라는 문구와 함께 페니실린의 광고가 사람들 사이에서 회자되면서 페니실린의 수요는 급격히 증가했다. 부상당한 군인에게만 사용을 허가해야 한다는 주장까지 등장할 정도였다. 1943년 10월 17일, 「뉴욕 헤럴드 트리뷴」은 "수많은 일반인이 키퍼Keefer 박사에게 페니실린을 요구하고 있다. 그러나 페니실린을 요청할 때는 어떤 경우든 담당 의사의 소견을 반드시 제출해야 한다. 또한 페니실린 투여 결정은 결코 감정적이어선 안 되며 의학적인 판단으로 이루어져야 한다"라는 글이 실리기도 했다. 모순적인 일이었지만, 전쟁이 발발한 덕분에 페니실린의 생산 단위가 몇 년 사이 폭발적으로 증가한 셈이었다. 1943년 210억 단위였던 페니실린은 사용 범위를 제한했음에도 불구하고 1945년에 6조 8000억 단위까지 생산되었다. 그해 알렉산더 플레밍과 그의 동료 하워드 플로리, 언스트 체인은 노벨 생리의학상 수상자로 선정되어 페리실린을 진정한 '기적의 약'으로 발전시키는 데 기여한 공로를 인정받았다.

한편 페니실린은 비양심적이고 파렴치한 몇몇 과학자의 손에서 악용되기도 했다. 1946년부터 1948년 사이 미국 공중보건국 의사들이 과테말라에서 끔찍한 생체실험을 자행한 것이다. 페니실린이 매독 치료에 효과가 있는지 검증하기 위해 죄수, 군인, 정신병 환자 등 총 700명에게 의도적으로 매독균을 주입하고 페니실린을 투여해 상태의 변화를 관찰했다. 비인간적인 이 생체실험은 2010년 10월 미국 한 대학교의 연구를 통해 세상에 알려졌고, 당시 미국 국무부 장관이던 힐러리 클린턴Hillary Clinton에게 공식 사과를 촉구하는 계기가 되었다. 매독에 걸린 매춘 여성들을 매수해 과테말라의 수감자들과 성관계를 갖도록 유도했을 것이라는 추측도 있고, 그렇게 해도 매독에 감염되지 않은 경우에는 수감자의 성기, 얼굴, 팔에 일부러 상처를 내어 매독균에 감염되도록 했다는 이야기도 있다.

페니실린의 발견은 20세기 후반 의학에 중대한 영향을 준 역사적 인 사건이다. 이후 곰팡이와 같은 미생물을 이용한 많은 살균성 분자가 발견되었다. 이미 1만 개 이상의 항생제 분자가 발견되었으며 그 특성과 작용 방식에 따라 분류되고 있다. 대부분 곰팡이 또는 동물성, 식물성 성분으로 합성된 자연 생성물이다. 그중 인간에게 치료 목적으로 사용되는 미생물은 150가지뿐이다. 백신 접종과 함께, 항생제는 세계 곳곳에서 발생하는 결핵, 흑사병, 한센병, 콜레라 등 주요 전염병을 퇴치하는 데 큰 역할을 했다. 인간의 평균 수명이 10년 이상 증가한 것도 백신과 항생제의 발전 덕분이다. 한편 식품 산업에서 항생제를 너무 많이 사용하다보니 일부 박테리아는 항생제에 내성을 갖게 되었고 인간에게 또 다른 질병을 야기했다.

페니실린은 운명적인 사건과 행운, 여러 우여곡절 끝에 개발되었다. 특히 페니실린은 두 번의 우연이 만들어낸 결과물이다. 알렉산더 플레밍은 오랜 시간 동안 박테리아에 맞설 수 있는 해법을 연구했다. 그리고 그 해답은 예상치 못한 순간에 하늘에서 뚝, 아니 아래층에서 슬그머니 올라왔다. 1945년 12월 11일, 노벨상 수상 연설에서 플레밍은 세렌디피티의 개념을 완벽하게 설명한다. "처음 제 연구 결과를 발표했을 때, 진지하고 심오한 탐구 끝에 곰팡이를 이용해 항균성 물질을 발견했고, 저 스스로 연구한 것이라고 주장할 수도 있었습니다. 하지만 그것은 틀린 것이고, 저는 진실을 이야기하고 싶었습니다. 저는 운이 좋았고, 페니실린은 우연에서 시작되었습니다. 다만 저는 세균학자로서 관찰을 소홀히 하지 않고 끝까지 연구에 집중했을 뿐입니다."

페니실린이 탄생할 수 있었던 결정적인 두 번째 세렌디피티는 과일 시장 골목을 거닐다가 길바닥에 버려진 썩은 멜론을 그냥 지나치지 않고 세심하게 살핀 연구실 비서의 투철한 직업의식 덕분이다. 이 이야기는 학자가 연구를 진행할 때 최대한의 연구원을 모아 정보를 얻고 연구를 이끌 수 있는 진취력이 필요하다는 점에 대해 강조하고 있다. 대부분 학자는 자신의 연구를 모방하거나 자신보다 앞설까 봐 두려워하며, 어쩌면 연구의 숨겨진 핵심을 발견할 수도 있는 사람을 곁에 두지 않고 홀로 고립된 상태에서 연구하기 때문이다.

# 퍼시 스펜서

1894~1970

## 그 순간, 1941

# 전자레인지를 발명하다

위대한 발명품 중에는 시장에서 판매되기 시작했을 때 사람들의 불신을 유발한 것이 꽤 많다. 전자레인지도 그중 하나다. 1970년대 전자레인지가 처음 미국 소비자에게 소개되었을 때, 사람들은 믿을 수 없는 일이 일어났다며 놀라움을 금치 못했다. 눈앞에 놓인 네모 상자가 버튼만 누르면 갑자기 몇 초 만에 마치 마법을 부린 것처럼 음식을 데우거나 익혀주었기 때문이다!

그러나 전자레인지를 발명한 퍼시 스펜서Percy Spencer의 이야기만큼 신기할 수 있을까? 가정 형편이 어려워 학교에도 가지 못하고 홀로 공부해야 했던 스펜서는 전자관을 만드는 회사에서 레이더 전문가로 일하며 달콤한 군것질을 좋아하는 평범한 엔지니어였다. 그러나 그는 20세기 전반 산업적으로 가장 위대한 발견을 한 과학자 중 한 명으로 기록되고 있다.

1894년 7월 19일 미국 메인주 하울랜드에서 태어난 퍼시 스펜서는 태어난 지 18개월 만에 아버지를 잃었다. 홀몸으로 아이를 키우기 어려웠던 스펜서의 어머니는 삼촌 부부에게 스펜서를 맡긴 채 떠나버렸다. 그러나 삼촌 역시 스펜서의 교육을 책임질 만큼 형편이 좋은 것은 아니었다. 설상가상으로 스펜서가 일곱 살이던 해 삼촌마저 세상을 떠났다. 남편을 잃고 혼자 남은 숙모와 함께 스펜서는 뉴잉글랜드로 떠나 소일거리를 하며 겨우 삶을 꾸려나갔다. 하지만 궁핍한 생활로 학교를 계속 다닐 수 없었다. 하는 수 없이 학교에서 글을 읽고, 쓰고, 혼자 공부하는 방법 정도만 배운 어린 스펜서는 초등학교를 그만둘 수밖에 없었다. 이후 제지공장에 취직해 4년 동안 밤낮으로 피땀 흘리며 일했다.

열여섯 살 되던 해, 스펜서는 동네의 한 공장에서 전기 기술자를 구한다는 소문을 들었다. 공장 소유주는 공장에 전기를 설치하려 했으나, 단순한 것처럼 보이는 이 작업을 전문으로 하는 사람이 매우 드물었다. 메인주에서 멀리 떨어진 이 동네에 전기를 설치해줄 사람도 없을 것 같았다. 스펜서는 빠르게 그 기회를 노렸다. 다른 두 사람과 함께 공장에 취직해 전기 기술자가 되어 이제껏 한 번도 경험해본 적 없는 모험을 시작했다. 전기 기술 전문가가 되고 싶다는 꿈이 생긴 스펜서는 여가 시간에는 전문 서적을 읽고 연구하며 꾸준히 지식을 쌓아나갔다. 실수를 두려워하지 않고 스스로 공부한 스펜서는 얼마 지나지 않아 동네의 유능한 전기 기술자로서 이름을 떨쳤다.

1912년, 대서양의 한복판에서 타이태닉호가 침몰하는 사건이 발생했다. 침몰 당시 라디오 송신기 덕분에 근처 해상에 있던 카페시아호가 타이태닉호의 승객들을 구조할 수 있었다는 소식으로 세간이 떠들썩했다. 무선통신 기술에 매력을 느낀 스펜서는 열여덟 살에 미국 해군에 입대해 무전병으로 근무하기 시작했다. 남들보다 교육 기회가 부족했기에, 모두가 잠든 늦은 시간이면 언제나 수학, 물리학, 화학, 제철 등 과학 분야의 다양한 전문 서적을 읽으며 지식을 쌓고, 자신의 부족함을 채워나갔다. 무전기술 분야 전문가가 되기 위해 한 걸음씩 앞으로 나아갔다.

제1차 세계대전이 끝나고 스물다섯 살의 나이로 제대한 스펜서는 전기 및 통신 분야에서 뛰어난 실력을 갖춘 무전장비 기술자로서 본격적으로 일을 시작했다.

한편 당시 미국 메드퍼드의 터프츠 대학에 다녔던 로런스 마셜Lawrence Marshall과 MIT에서 전기공학을 전공한 버니바 부시Vannevar Bush는 가전제품을 무선화하는 방법에 대해 연구하고 있었다. 두 사람은 대학 시절 그랬듯이 사회에 나와 연구 활동을 하면서도 관계를 이어나갔다. 경제적 사고와 과학적 사고를 접목해 부시와 마셜은 1922년 케임브리지에 '아메리칸 어플라이언스'라는 가전제품 회사를 설립하고 직원 두 명을 고용했다. 그리고 3년 뒤 서른한 살이던 퍼시 스펜서가 이 회사에 들어왔다.

1925년 10월, '아메리칸 어플라이언스'는 '광선'을 뜻하는 'ray'와 '신들의'라는 뜻을 지닌 'theon'을 결합해 '레이시온Raytheon'으로 이름을 바꾸었다. 회사는 빠르게 성장했고, 1935년에는 매사추세츠주

동부에 있는 도시, 월섬의 오래된 단추 제조 공장 자리로 이전했다. 세계 전쟁이 또 일어날 것이라는 전망에 레이시온은 군사장비 전문 회사로 사업 방향을 전환했다. 시간이 흐르면서 스펜서는 전기 신호를 증폭하는 데 반드시 필요한 부품인 진공관 설계 분야의 베테랑으로 손꼽혔다. 1941년, 전쟁에 돌입한 미국은 '마그네트론'에 눈을 돌리기 시작했다. 마그네트론은 음극을 가열했을 때 생성되는 주파수가 매우 높은 전자파인 '마이크로파'를 생산하는 데 쓰이는 원통형관으로, 1920년대 중반부터 이미 그 원리가 잘 알려져 있었다. 당시 마그네트론은 주로 레이더 생산에 이용되었다.

레이시온에 뛰어난 마그네트론 설계 전문가가 있다는 사실은 입소문을 타고 정부 관계자의 귀에도 전해졌다. 그 덕분에 레이시온은 정부와 대규모 계약을 체결해 MIT 방사선연구소에서 사용할 마그네트론 개발과 생산을 시작했다. 1940년 10월, 미국 국방연구위원회NDRC가 창설한 방사선연구소는 마그네트론의 은밀한 연구와 레이더 기술의 전반적인 향상을 목표로 했으나, 근본적으로는 전쟁 시 적의 존재를 감지하는 데 쓰길 원했다. MIT의 비밀 연구 활동은 맨해튼에서 진행된 핵 연구 다음으로 제2차 세계대전 중 미국에서 가장 중요한 군사 프로젝트로 꼽혔다.

스펜서는 불철주야 연구에만 몰두하며 새로운 산업 기계를 도입해 마그네트론의 효율성과 생산 속도를 크게 향상시켰다. 기계를 계속 가동해, 일주일에 겨우 마그네트론 한 개를 생산하던 것에서 이제는 하루에 17개, 더 나아가 2600개까지 생산이 가능해졌다. 미국 전

투기에 설치된 레이더는 스펜서와 MIT가 개발한 것으로, 상공에서 독일 잠수함의 잠망경을 발견할 수 있을 정도로 성능이 뛰어났다. 당시 레이시온의 직원은 15명에서 1500명까지 증가했고, 스펜서의 공로를 인정한 미국 해군은 전쟁이 끝난 뒤 민간인에게 수여할 수 있는 최고의 상인 '공공 서비스상Public Service Award'을 수여했다.

종전 후 1945년 말, 스펜서는 레이더용 마이크로파 발생 장치인 마그네트론 연구를 다시 시작했다. 세계에 평화가 찾아오자 군사 장비 수요가 급격히 감소해, 레이시온의 재정이 위협당할 상황이었다. 사업을 다시 일으키기 위해서는 마이크로파 기술을 응용한 새로운 분야를 개발해야 했다. 스펜서에게 찾아온 우연이 바로 그 답을 제시해주었다.

어느 날 작동 중인 레이더 근처에서 일하던 스펜서는 바지 주머니에서 뭔가 이상한 액체가 흐르는 것을 느꼈다. 주머니를 살펴보니, 쉬는 시간에 먹으려고 넣어둔 초콜릿 바가 녹고 있었다. 만약 스펜서가 여기서 더 의심하지 않았더라면 이 사건은 별일 아닌 것으로 끝났을지도 모른다. 주머니에 있던 초콜릿 바가 허벅지에 눌려 녹아버린 것이라고 생각할 수도 있었으니 말이다.

하지만 퍼시 스펜서가 누군가! 그는 남다른 통찰력을 지니고 있었다. 넘치는 호기심으로 독학도 마다하지 않았고, 언제나 주변 상황에 질문을 던졌다. 그는 설명할 수 없는 불가사의한 상황을 결코 지나치는 법이 없었다. 단서들을 하나씩 모아, 마그네트론의 작동과 주머니 속 초콜릿 바를 녹게 만든 열 사이의 관계를 파악하는 데는 그리 오랜 시간이 필요하지 않았다. 스펜서는 생각했다. 만약 마이크로파를 요리에 사용할 수 있다면 어떨까?

이를 확인하는 데는 특별한 방법이 필요하지 않았다. 팝콘용 옥수수 알갱이를 마그네트론 근처에 두었더니 몇 분 뒤 팝콘이 되어 사방팔방으로 튀었다. 그때부터 스펜서는 가슴이 두근거렸다. 왠지 자신이 발견한 것이 엄청난 잠재력을 지닌 것 같았다! 다음 날 어제 실험실에서 있었던 이야기를 믿지 못하는 회사 동료들은 직접 스펜서의 실험을 참관하기로 했다. 이번엔 달걀이었다. 주전자에 달걀을 넣고 주전자 주둥이가 마그네트론을 향하게 한 뒤, 마이크로파가 주전자 내부로 전달되도록 했다. 옆에서 스펜서의 실험을 관찰하던 동료들은 조금씩 호기심을 보이기 시작했고, 주전자 속을 가까이 들여다보려는 순간 마이크로파의 영향으로 온도가 올라간 달걀이 그대로 폭발해버렸다.

이 광경에 연구실 사람들은 너무 놀라 입을 다물 수가 없었다. 분명한 것은, 지금 눈앞에서 벌어진 일이 결코 공상과학 소설 속 이야기가 아니며, 요리 분야에 혁신적인 발견이 될 수도 있다는 것이었다. 몇 초 만에 음식을 익힐 수 있다니, 이보다 놀라운 게 어디 있겠는가! 주전자를 이용한 실험에서 영감을 얻은 스펜서는 밀폐된 금속상자에 고밀도 전자기장 발생기를 부착해 최초의 전자레인지를 제작했다. 마그네트론에서 방출하는 마이크로파, 즉 전자기파가 금속상자 밖으로 새어나오지 않도록 완전히 차단해 안전성도 높였다. 스펜서는 전자기파의 강도를 변화시켜 모든 종류의 음식을 전자레인지에 넣어보며 즐겁게 연구했다.

스펜서와 그의 회사 레이시온은 1945년 10월 8일 전자레인지의 특허를 신청했다. 2년 뒤, 상업적 전자레인지 '레이더레인지'가 마침내 출시되었다. 가격은 5000달러(오늘날 5만 달러에 상응하는 금액) 정도였으며 높이는 2m, 무게는 340kg이었다. 퍼시 스펜서의 손자인 로드 스펜서Rod Spencer는 『비즈니스 인사이더』와의 인터뷰에서 다음과 같이 회고했다. "첫 번째 전자레인지는 크기가 냉장고만 해서 요리를 시작하기 전에 20분간 예열이 필요했습니다. 하지만 오늘날 그 어떤 모델의 전자레인지보다 열 배 더 강력했고, 감자를 익히는 데 30초면 충분했습니다."

엄청난 가격과 크기 때문에, 초창기 전자레인지의 판매는 기대에 못 미쳤다. 그러나 큰 레스토랑 및 항공사 등 가능한 빠른 시간 내 음식을 조리해야 하는 곳에서는 꽤 높은 수요를 보였다. 로드 스펜서는 당시 상황을 이렇게 전했다. "사실상 최초의 전자레인지는 레이시온의 가장 큰 상업적 실패였습니다. '끝내주는' 기술을 선보인 것은 맞지만 시장의 요구를 제대로 파악하지 못했으니까요."

1960년대 들어서야 가정에서 사용할 만한 적당한 크기의 안전하고 더 신뢰할 수 있는 모델이 탄생했다. 특히 초기 전자레인지보다 훨씬 저렴한 500달러에 판매되었다. 기술이 발전하면서 전자레인지의 크기는 점차 축소되었고 가격 역시 사람들의 구매 수준에 맞게 조정되었다. 그러나 기계를 이용한 새로운 음식 조리법에 적응하지 못하는 사람들도 많았다. 눈에 보이지 않는 마이크로파에 대한 불신도 만만치 않았다. 마이크로파에 노출되면 발기부전 및 불임의 위험이 있을 수도 있고, 심지어 사망할 수도 있다는 황당한 소문까지 있었다. 그럴 만도 한 것이, 과거에 X선이 의료계에서 수많은 피해를 낳은 바 있고, 방사선암에 대한 두려움이 사람들 사이에 널리 퍼져 있었기 때문이다.

전자레인지는 1970년대 가서야 비로소 불티나게 판매되었다. 가정에서 전자레인지 사용이 점차 늘어나면서 전자레인지는 요리 시간을 더 효율적으로 쓸 수 있게 도와주는 유용한 조리도구가 되었고, 마이크로파가 인체에 미칠 부정적인 영향도 소비자들 사이에서 조금씩 잊혀갔다. 전자레인지를 수년 동안 사용해 질병에 걸렸다거나 사망했다는 직접적인 사례도 없었다. 소비자들의 불신은 사라졌고, 전자레인지는 미국 가정에서 종종 볼 수 있는 가전제품이 되었다. 하지만 안타깝게도, 퍼시 스펜서는 자기 발명품의 진정한 성공을 보지 못한 채 1970년 눈을 감았다. 그가 사망하고 5년 뒤, 전자레인지의 판매는 가스오븐의 판매량을 뛰어넘었다. 전자레인지는 태평양을 건너 일본 및 유럽 시장에까지 진출했고, 1986년에는 미국 가정의 4분의 1이 전자레인지를 사용했다. 프랑스에서도 오늘날 85% 이상의 가정에서 전자레인지를 사용하고 있다.

오늘날, 전자레인지가 인체에 전혀 위험하지 않다는 것은 잘 알려진 사실이다. 전자레인지에서 방출되는 방사선의 종류는 비이온화 전자기장이다. 비이온화 전자기장의 파동으로 운반된 열에너지는 원자 또는 분자에서 전하를 끄집어낼 만큼 강력하지 않다. 마치 우리가 지속적으로 노출되는 가시광선처럼, X선보다 에너지는 훨씬 더 높고, 자외선보다는 세포의 건강에 어떤 영향도 미치지 않는다.

많은 연구가 전자레인지가 작동할 때 발생하는 물리적인 현상에 대한 설명을 제시했다. 고전압의 마그네트론에서 발생하는 마이크로파는 금속으로 된 전자레인지 내부의 음식물 속 특정 분자에 흡수될 때까지 전달된다. 물, 지방, 설탕 분자 등은 양전하와 음전하가 어느 정도 거리만큼 떨어져 마주 보는 전기쌍극자이기 때문에 마이크로파를 골고루 흡수할 수 있는 주파수는 2400MHz 정도다. 따라서 음식물에 마이크로파를 가했을 때, 이 분자들은 마이크로파의 전기장이 진동하면서 양과 음의 방향이 바뀌고, 매우 빠르게 회전하면서 전자기장을 따라 정렬된다. 분자들이 서로 부딪치면서 열이 발생하고, 마이크로파를 덜 흡수하거나 흡수하지 못하는 분자들을 가열한다. 빈 전자레인지를 가동하지 말라는 것도 이런 이유에서다. 마그네트론에서 발생하는 마이크로파를 흡수할 분자가 없을 경우에는 오히려 내부 벽을 마이크로파가 계속 자극하기 때문에 결국 마그네트론을 태우고 기계를 손상시킬 수 있다. 마찬가지로, 수분이 없는 음식은 마이크로파로 가열되지 않기 때문에 건조된 음식을 전자레인지에 조리하는 것은 아무 소용 없다.

홀로 공부한 발명가 퍼시 스펜서는 매사추세츠 대학으로부터 명예 박사 학위를 받았다. 미국 예술과학아카데미와 미국 전파공학자 협회 회원이었고, 오늘날 세계 5위 군수업체로 자리매김한 레이시온의 부사장 겸 이사회 수석 임원을 지냈다. 생전에 300개의 특허를 출원했고, 1999년에는 미국발명가명예전당에 등록되어 토머스 에디슨Thomas Edison, 라이트 형제Wright brothers와 어깨를 나란히 했다.

학위가 없다는 것이 스펜서에게는 오히려 더 큰 기회였을지도 모른다. 자기 연구에만 몰두하는 맹목적인 과학자였다면 주머니에서 녹아버린 초콜릿 바를 보고서, 별일 아니라고 생각해 호기심을 갖지 않았을지도 모르니 말이다. 과학에서 나타나는 세렌디피티는 과학자가 우연히 벌어진 상황을 빠르게 파악하고 연구 과정에서 발생한 오류나 기회를 과학적 진보로 바꿀 수 있을 때 더욱 그 효과를 발휘한다. 스펜서와 함께 일했던 MIT의 연구원이 1958년 미국의 월간 잡지 『리더스 다이제스트』에 남긴 말처럼 말이다. "박학다식한 학자들은 많은 과학 현상이 쉽게 일어날 수 없다고 판단한다. 하지만 퍼시 스펜서는 자유로운 사고를 가진 학자였다."

# 알베르트 호프만

1906~2008

## 그 순간, 1943

# 환각제 LSD가 탄생하다

강력한 환각제 LSD는 한 세대를 뒤흔들었다. 확립된 질서를 불안정하게 만들기도 했지만, 한편으로는 수많은 예술가에게 영감을 주기도 했다. 인간의 정신분석과 정신질환 치료에 요긴하게 쓰이기도 했으나 불법적으로 남용되기도 했다. 다량 복용으로 심신이 허약해진 사람은 결국 정신병원에 가야만 했다. 어쩌면 LSD가 현대 과학의 중요한 발견 중 하나라는 말에 반대하는 사람도 있을 것이다. 그러나 1960년대를 휩쓴 히피 문화의 배경에는 하얀 가운을 입은 과학자들의 실험에서 탄생한, 현재까지 알려진 의약품 중 가장 강력한 환각제 LSD가 있다.

혈압을 조절하고 편두통을 치료할 수 있는 분자에 대해 연구하던 스위스의 화학자 알베르트 호프만Albert Hofmann은 어떤 우연으로 인류 역사상 최초로 환각제를 만들게 되었을까?

알베르트 호프만은 호밀에 기생하는 맥각균이라는 곰팡이를 연구하고 있었다. 알고 연구한 것은 아니지만, LSD는 맥각균에서 얻을 수 있는 물질이었다. 중세시대 초에는 흔히 '열병' 혹은 '성 안토니오의 불'이라고 불리던 맥각중독증에 걸린 사람이 많았다. 맥각균에 감염된 호밀을 먹은 사람들은 복통, 경련, 일시적 환각 증세를 보이고, 증상이 악화되면 신체 부위를 절단하거나 더 심각한 경우에는 사망하기도 했다. 정신착란 증상이 심한 환자는 악마에게 영혼을 빼앗긴 마녀로 낙인찍혀 화형당했다. 맥각중독은 945년에 파리를 휩쓸었으며 호밀빵을 먹은 수만 명의 시민을 죽음으로 내몰았다.

호밀에 몇 센티미터가량의 검은 돌기 형태로 자라는 맥각균의 정확한 원인은 1918년이 되어서야 밝혀졌다. 스위스 바젤 소재 제약회사 산도스Sandoz의 아르투어 스톨Arthur Stoll 교수는 질소를 함유하는 12개의 염기성 유기화합물, 알칼로이드를 분리해, 그것이 맥각균의 독성을 유발한다는 것을 알아냈다. 1930년대 초에는 맥각균 중독 과정이 명확하게 정의되었다. 12개의 맥각 알칼로이드에 리세르그산lysergic acid이라는 물질이 공통으로 존재하고, 이것이 맥각중독의 주요 원인이라는 것을 밝혀냈다.

아르투어 스톨 밑에서 연구하던 서른두 살의 젊은 화학자 알베르트 호프만은 출혈 및 편두통에 효과적인 맥각 알칼로이드를 이용해 혈액순환을 자극하는 일종의 혈압조절약을 개발하려고 했다. 그는 취리히 대학에서 1929년 화학 박사 학위를 취득하자마자 산도스 제약에 입사해 10년 가까이 일하고 있었다. 약용식물을 이용해 약리학적 화합물을 생산하는 산도스에 취직한 것이 스물세 살 때였기 때문이다. 아르투어 스톨은 화학 분야 네 명, 생산 분야 세 명으로 구성된 소규모 연구 팀을 이끌었는데, 그중 한 명이 알베르트 호프만이었다. 그는 팀의 일원으로서 아르투어 스톨의 도움을 받아 1938년 맥각균에서 추출한 리세르그산을 바탕으로 수십 개의 화합물을 발견했다. 그중 리세르그산 디에틸아미드lysergic acid diethylamide 또는 LSD-25는 리세르그산에서 25번째로 합성해 얻어낸 물질이었다.

그러나 이것은 혈액순환 자극제를 연구하던 호프만과 스톨의 바람과 완전히 정반대 물질이었다. 동물 실험 결과, 혈압조절 효과는 거의 없었고 오히려 약간의 경련 증세가 나타났다. 결과에 실망한 호프만과 스톨은 연구를 잠시 보류하기로 결정했다.

중단된 LSD-25 연구는 5년 뒤 알베르트 호프만에 의해 다시 시작되었다. 1979년 출간된 자서전『나의 문제아, LSD』에서 그는 당시 상황을 이렇게 적었다. "나는 LSD-25를 잊을 수 없었다. 첫 번째 연구에서 밝혀진 성질 이외의 다른 성질이 있을 수도 있다는 예감이 들어, 처음 LSD-25를 합성하고 5년 뒤 다시 합성해보기로 결심했다. 약리학적으로 효과를 발휘할 수 있을 것이라는 기대를 갖고 더 다양한 실험을 해보고 싶었다. 사실 꽤 이례적인 일이었다. 약리학적으로 효과가 없다고 판단되면 바로 제약 연구에서 제외되는 것이 일반적이었으니 말이다."

1943년 4월 16일, 호프만은 마침내 LSD-25를 다시 합성했다. 그런데 합성을 마친 뒤 갑작스럽게 현기증이 느껴졌다. 마치 만화경을 보는 것처럼 변화무쌍하고 다채로운 색들이 눈앞에 아른거리고 호흡이 가빠지며 마치 술에 취한 것 같은 기분이었다. 더 이상 실험을 계속할 수 없을 정도였다. 호프만은 연구를 중단하고 집으로 돌아가 침대에 쓰러지듯 누워버렸다.

두 시간 정도 그런 상태가 지속되었다. 마침내 정신을 차린 호프만은 지금까지 한 번도 경험해본 적 없는 환각 현상에 당황함을 감출 수 없었다. 도대체 어떻게 된 일일까? 호프만은 흐릿한 기억을 더듬다 문득 LSD-25가 엄청난 힘을 가지고 있는 것 아닐까 하는 생각이 들었다. 우연히 입에 닿은 LSD-25 때문에 이 믿을 수 없는 환각 증상이 나타난 것 아닐까? 사흘 뒤 조금 무모한 방법이었지만 호프만은 다시 한 번 경험해보기로 했다. 250마이크로그램의 LSD-25를 일부러 섭취한 것이다! "16시 20분, LSD-25 섭취함." 그리고 신체의 변화 과정을 기록했다. 40분쯤 지났을 때 "현기증, 불안감, 시야가 어지러움, 마비 증상, 웃음이 남"이라고 적은 것을 끝으로, 더 이상 몸을 가눌 수 없었다.

LSD-25를 섭취하기 전, 호프만은 만일에 대비해 자신의 연구 조교에게 미리 말해두었다. 훗날 그가 자서전에도 적었듯이, 약에 취한 호프만은 조교에게 온갖 손짓, 발짓을 이용해 자신을 집에 데려다달라고 부탁했다. 전쟁 중이라 차량 운행이 불가능했던 터라, 두 사람은 자전거로 이동했다. "당시 나는 매우 걱정스러운 상태였다. 요술거울이라도 보는 것처럼, 눈에 보이는 모든 것이 뒤죽박죽 일렁거렸다. 조교에게 자전거가 앞으로 나가지 않는다고 말했는데, 사실은 자전거를 타고 엄청난 속도로 달렸다는 것을 나중에 알게 되었다."

집에 도착한 뒤, 호프만은 남아 있는 마지막 힘을 짜내 조교에게 자신의 주치의를 불러달라고 부탁했다. 이유는 모르겠지만, 우습게도 이웃집에서 우유를 얻어오라는 부탁도 했다. LSD의 효과는 거의 18~20시간 동안 지속되었다. "현기증이 너무 심하고 몸이 축 늘어져 똑바로 서 있을 수가 없었고 소파에 누워 있어야만 했다. 집 안의 형태도 변하고 정말 놀라웠다. 익숙한 물건과 가구 등 눈에 보이는 모든 것이 움직이는 것처럼 보였고, 기괴하고 위협적이었다. 내적 불안으로 가득 차 보였고 끊임없이 살아 움직이는 생명체 같았다." 호프만에게 우유를 갖다준 친절한 이웃은 마귀에 홀린 사람처럼 정신이 나가 있는 그의 모습에 겁을 먹었다. "나는 그녀를 알아보지 못했다. 내 눈에는 더 이상 이웃집에 사는 여인이 아니라 악마의 얼굴을 한 사악한 마녀처럼 보였다."

마녀가 나타났다며 호프만이 혼비백산하며 거칠게 날뛰던 그때 주치의가 도착했다. 의사는 당황해서 아무것도 할 수 없었고, LSD의 효과는 극으로 치달았다. 호프만은 이 순간 주위 사물과 사람의 모습이 변하는 것보다 훨씬 더 극적인 현상을 경험했다고 훗날 말했다. "악마가 나를 파고들어 내 육신과 영혼을 모두 앗아가는 것 같았다. 몸 안에서 악마를 끄집어내기 위해 소리치며 뛰었다. 하지만 결국 지쳐 소파 위에 쓰러졌다. 내가 실험하고자 했던 물질의 효과를 내 몸으로 직접 확인했다. 냉혈한 같은 이 악마는 나의 의지를 꺾어버렸다. 끔찍한 불안감이 나를 미치게 만들었다."

시간이 지날수록 호프만의 머릿속은 더욱 혼란스러웠다. "점점 다른 세계로, 다른 곳으로, 다른 시대로 끌려갔다. 몸에는 더 이상 감각이 없었다. 생명력이 느껴지지 않고 이상했다. 이렇게 죽는 것일까? 지금 그 과정에 있는 것일까? 영혼이 몸에서 빠져나와 비극을 맞이하는 내 육체를 바라보았다. 아내와 작별 인사도 못 했는데!(그날 아내는 세 아이와 루체른에 계신 부모님을 뵈러 갔다) 내가 이 실험을 무모한 방식으로 무책임하게 실행하지 않았다는 걸, 오히려 그 반대로 매우 신중을 기했다는 걸, 그런데도 예상치 못한 이런 결말을 맞이했다는 걸 사람들이 알아줄까? 두려움과 절망이 엄습해왔다. 남편과 아버지를 잃게 될 가족 때문에도 그렇지만, 실험의 성공을 목전에 두고 완성하지 못한 채 남겨질 나의 연구 때문에 더욱 그랬다." 실제로 호프만은 LSD 효과가 사라질지, 아니면 결국 통제하지 못하고 영원히 광기에 빠진 LSD의 포로로 남을 운명일지 알지 못했다.

불안과 공포에 사로잡힌 채 8시간이 더 흘러서야 LSD의 효과가 잦아들었다. 안정을 되찾은 알베르트 호프만은 극도의 희열감과 함께 눈을 감은 채 여러 가지 문양과 색깔의 잔상을 감상했다. "만화경을 보는 것처럼 몽환적이고, 얼룩덜룩한 문양들이 눈앞에 어른거리고, 원형과 나선형으로 모였다 퍼졌고, 파도처럼 출렁거렸다. 특히 문소리, 집 앞을 지나는 자동차 소리 등 귀에 들리는 모든 음향이 눈앞에 그려졌다. 각각의 소리는 형태와 색을 가진 움직이는 이미지가 되었다."

다음 날 아침, 알베르트 호프만은 간신히 몸을 일으켰지만 정신은 맑았다. "세상이 새로웠다. 하루 종일 온몸의 감각이 곤두서 있었다." 호프만은 정신분열 치료의 새로운 장을 열어줄 물질을 발견했다고 확신했다. "지금까지 이 정도 적은 복용량으로 이토록 강렬한 심리적 효과를 일으킨 것은 없었다." 무엇보다 가장 흥미로운 것은, LSD를 섭취한 뒤 경험한 일련의 '환상여행'이 세밀한 부분까지 전부 기억에 남아 있었다는 점이다. 그다음 날 호프만은 아르투어 스톨에게 상세하게 기록한 보고서를 전달했다. 그뿐만 아니라, 산도스 연구소 소장인 약리학 교수 로틀린Rothlin에게도 복사본을 보냈다. 로틀린 교수는 LSD의 효과를 직접 체험해 호프만 연구의 진위 여부를 검증하고자 했다. 한편 그사이 알베르트 호프만은 첫 번째 특허를 출원했다.

4년이 지난 1947년, LSD에 관한 최초의 과학 연구가 발표되었다. 아르투어 스톨의 아들 베르너 스톨Werner Stoll이 쓴 「스위스 신경학 및 정신의학 보고서」는 LSD가 정신분열증 환자와 건강한 정신을 가진 사람들에게 미치는 효과에 대한 내용이었다. LSD는 우울증, 약물중독, 알코올중독, 불안증세뿐만 아니라 수용소에서 겪은 정신적 외상 등 각종 정신질환을 치료할 수 있는 전도유망한 치료제로 떠올랐다. 기대만큼이나 LSD에 대한 수요도 높아졌다. 1947~1970년에 전 세계에서 약 2700개 이상의 관련 연구가 발표되었다.

영국의 로널드 샌디슨Ronald Sandison은 1952년 LSD를 임상으로 사용하기 시작한 최초의 정신과 의사다. 그는 극소량의 LSD로 수천 명의 우울증 환자를 치료할 수 있었다. 약물치료법에 맞서, 심리학자 험프리 오즈먼드Humphry Osmond는 '환각치료'를 도입했다. 의사가 환자의 정신을 재건할 수 있다는 생각에서 출발한 치료법으로, 거의 이성을 상실한 신비로운 영적 상태를 유발할 수 있을 만큼 많은 양의 LSD를 정신질환 환자에게 투여하는 치료법이었다.

체코 프라하의 정신과 의사 스타니슬라프 그로프Stanislav Grof는 3500명 넘는 환자에게 LSD를 이용한 치료법 실험을 성공적으로 마쳤다. 한편 파리의 피에르 드니케르Pierre Deniker 교수도 후배 교수들과 자신의 학생들을 대상으로 한 임상실험에서 성공을 거두었다. 1950년대 중반, 미국의 비밀요원이었던 앨프리드 허버드Alfred Hubbard는 의사가 되어 캐나다에서 LSD를 이용한 약물치료를 전문으로 하는 병원을 열었다.

과학계와 의학계의 기대에 부응하기 위해 산도스는 1947년부터 '들리시드Delysid'라는 이름을 단 LSD 알약을 대량 생산했고, 1950년부터 1960년까지 수천 개가 시장에서 판매되었다.

한편 정신질환 치료가 아닌 다른 목적으로 LSD를 이용하는 경우도 많았다. 1950년대 냉전 시절, 미국 중앙정보국CIA은 'MK-울트라MK-Ultra'라는 일급 비밀 프로젝트를 통해 사람의 마음과 정신을 조작하는 일명 '마인드컨트롤' 방법을 개발하고자 했다. CIA에 있어 LSD는 첩보원의 입을 열어 비밀정보를 캐낼 수 있는 진실의 약과 마찬가지였다. 그래서 LSD의 불법적인 사용도 서슴지 않았다. 효과를 시험하기 위해 뻔뻔하게도 다소 높은 농도의 LSD 앰풀을 CIA 직원, 군인, 공무원뿐만 아니라 매춘 여성, 정신질환자에게 비밀리에 투여했다. 켄터키주 렉싱턴에 있는 마약중독연구센터 소장 해리스 이스벨Harris Isbell은 MK-울트라의 일환으로 77일간 흑인 마약중독자들에게 LSD를 투약했다.

1951년 여름, 프랑스 남부 가르주에 위치한 퐁생테스프리 마을에서도 CIA의 비밀 생체실험이 이어져 집단 광기현상이 벌어졌다. '저주받은 빵'이라는 이름으로 알려진 이 사건은 오늘날까지도 진실이 명확하게 밝혀지지 않았다. 그래서 수백 명의 사람이 일반 병원이나 정신병원으로 이송되고, 심지어 다섯 명의 사망자가 발생한 집단 식중독 사건으로 기록되고 있다. 숨겨진 진실이 무엇이든, 어쨌거나 미국 행정부는 LSD 악용에 부분적인 책임을 피할 수 없었다. 1995년, 당시 미국 대통령이던 빌 클린턴Bill Clinton은 냉전 시기에 벌어진 '비자발적 생체실험'에 대해 공개적으로 사과 입장을 표명한 바 있다.

LSD는 1960년대 들어 과학계와 의학계를 벗어나 사용되기 시작했다. 의료계에 종사하는 지인들을 통해 올더스 헉슬리Aldous Huxley, 앨런 와츠Alan Watts, 케리 그랜트Cary Grant, 비틀스The Beatles, 앨런 긴즈버그Allen Ginsberg, 켄 키지Ken Kesey, 도너번Donovan, 키스 리처즈Keith Richards 등 예술계 유명인사들이 LSD에 손을 뻗은 것이다. LSD를 바탕으로 탄생한 문학, 패션, 그래픽아트, 음악 등 예술계의 움직임은 점차 확립된 질서에 도전하며 LSD가 보여주는 환상적인 이미지와 감각을 재현하는 방식으로 흘러갔다.

소설가이자 하버드 대학 교수였던 티머시 리리Timothy Leary는 LSD 복용을 지지했다. 정신과 자아의 확장에 대해 관심이 많았던 그는 자주 스스로 LSD를 투여하곤 했다. 하지만 그의 행동에 동의할 수 없었던 대학은 그를 해고했다. 뉴욕 근교의 밀브룩으로 떠난 리리는 모든 호기심을 해결할 수 있는 부자 친구가 마련해준 별장으로 거처를 옮겼다. 밀브룩은 곧 동부 해안의 사이키델릭psychedelic 본거지가 되었다. 각 분야 유명인사가 모여들었다. 미국 서부 출신의 소설가 켄 키지는 그가 이끄는 히피 집단 메리 프랑크스터Merry Pranksters와 함께 알록달록한 색깔의 승합차를 타고 미국을 돌아다니며 거리 사람들에게 약을 나누어주었다. 그렇게 LSD의 소비는 폭발적으로 증가했다. 점점 더 많은 사람이 LSD를 찾았고, 유럽까지 번지는 것은 시간문제였다.

LSD는 '위험한 환상여행bad trips'으로 당연히 이어질 수밖에 없는 약물이었다. 하지만 LSD에 취약한 사람들은 다시 돌아올 수 없는 긴 환각 상태에 빠졌고 곧바로 정신병원에 수감되었다. 마약의 효과를 통제할 방법은 물론, 예측할 방법도 없는 것처럼 보였다. LSD에 취한 젊은 히피족들의 모습에, 기존 체제에 저항하는 반문화운동의 타깃이었던 미 당국도 안심할 수 없었다.

약물 중독자들을 위한 무료 진료소가 개설되었고, 1966년 당시 캘리포니아 주지사였던 공화당의 로널드 레이건Ronald Reagan은 LSD의 불법화를 선포했다. 그 후 미국 전역에서 LSD 복용이 금지되었다.

‘기적의 치료제’, ‘예술, 철학, 혁명의 절대무기’, ‘내면의 폭로제’였던 LSD는 그렇게 위험한 약품으로 취급되었다.

호프만 역시 LSD가 1960~1970년대에 젊은이들의 정신을 ‘황폐화’시켰다는 사실을 인정했다. 그러나 2008년 백두 살의 나이로 숨을 거두기 전까지, 그는 ‘문제아’인 LSD가 온전히 치료 목적으로만 쓰일 수 있을 거라는 기대를 버리지 않았다. 세상을 떠나기 1년 전인 2007년 2월 1일, 알베르트 호프만은 LSD 복용 사실을 숨기지 않고 당당히 밝힌 스티브 잡스Steve Jobs에게 편지를 보냈다. 스위스의 정신과 의사인 페터 그라서Peter Grasser 박사가 불안으로 고통받으며 생명을 위협당하는 환자들을 위해 진행하는 연구를 지원해달라고 요청한 것이다. “35년 만에 처음으로 LSD의 정신질환 보조 치료제로서의 가능성을 증명하려는 연구입니다.” 편지 말미에 호프만은 이렇게 적었다. “가엾은 제 문제아가 우수한 아이로 다시 태어나기 위해서는 당신의 도움이 필요합니다.”

LSD의 역사를 살펴보면, 효과를 확인하는 방식이나 의학계에서 LSD를 사용하는 방법, 대중이 그것에 열광하게 된 과정 모두 전혀 예측할 수 없는 것이었다. 이것은 세렌디피티란 언제 어디서나 나타날 수 있으며, 연구와 의약품, 심지어 마약의 발전까지 모든 것에 영향을 줄 수 있음을 말해준다.

우발적인 행동으로 LSD의 효과를 발견하게 되었지만, 알베르트 호프만은 환각의 정체를 알아내기 위해 온 힘을 다했다. 그래서 과학의 발전을 위해 헌신한 몇 안 되는 과학자로 꼽힌다.

아이작 뉴턴Isaac Newton도 마찬가지다. 그는 만유인력의 법칙을 발견한 것으로 유명하지만 광학, 즉 시각에 대해서도 많은 연구를 했다. 색깔을 인지하는 것과 관련해서 더 많은 것을 알고 싶었던 뉴턴은 뜨개바늘을 자신의 '눈과 뼈 사이의 가장 깊은 곳까지' 밀어 넣어, '다양한 색의 원들이' 눈에 들어오는 것을 확인했다.

프란츠 라이헬트Franz Reichelt는 자신이 새로 만든 낙하산의 성능을 시험하고자 1912년 2월 4일 에펠 탑 2층에서 뛰어내렸다. 그의 안타까운 일화는 너무나 유명하다. 대형 낙하산 슈트를 입고 에펠 탑 아래로 당당하게 몸을 던진 그는 지표면을 향해 빠르게 떨어졌고, 슈트는 일그러졌다. 땅으로 추락한 라이헬트는 끝내 깨어나지 못했다.

1929년, 훗날 나치에 가입한 독일 의사 베르너 포르스만Werner Forssmann은 심장에 이물질이 들어가면 치명적이라는 사실을 증명하기 위해 자신의 정맥에 카테터[13]를 직접 밀어 넣었다. 포르스만은 생존했고 1956년 노벨 생리의학상을 수상했다. 이 모든 이야기는 세렌디피티라기보다는, 과학자들의 용기 있고 무모한 행동에 '행운'이라는 것이 얼마나 중요한 역할을 했는지 보여준다.

---

13 장기의 내용액 배출을 측정하기 위해 사용되는 고무 또는 금속제의 가는 관으로, 약제나 세정액을 주입할 때도 쓰인다.

# 로버트 윌슨과 아노 펜지어스

1936~ 1933~

## 그 순간, 1965

# 빅뱅 이론의 첫 신호를 감지하다

최초의 폭발. 한 점에 모여 있던 상상을 초월하는 에너지가 터져 어마어마한 속도로 사방으로 팽창되는 것. 바로 140억 년 전에 일어난 우주대폭발, 빅뱅Big Bang이다. 어려서부터 학교에서 배운 우주의 탄생 이야기는 명확한 근거는 하나도 없으나 논란의 여지가 없었다. 태초의 우주는 밀도가 매우 높고 어마어마하게 뜨거웠다. 그 상태로 대폭발한 우주는 에너지가 퍼지면서 끊임없이 팽창했고 곧 냉각되었다. 그 결과, 에너지의 입자가 붕괴되어 기본 입자들이 탄생했다. 이 입자들은 결합을 통해 양자에서 원자로, 원자에서 별로, 별에서 구상성단과 은하가 되는 등 점점 더 거대한 구조를 형성했다. 그렇게 단일우주는 초대형 거미줄처럼 거대한 빈 우주공간에 여러 가지 물질의 집합체로 구성되었다.

벨기에의 천문학자이자 가톨릭 신부인 조르주 르메트르Georges Lemaître가 1927년에 주장한 빅뱅 이론은 1965년에 두 명의 천문학자,

로버트 우드로 윌슨Robert Woodrow Wilson과 아노 앨런 펜지어스Arno Allan Penzias가 우연히 생각지도 못한 우주의 신호를 듣고 나서야 증명되었다. 빅뱅이 정말 일어났다면, 우주에서는 반드시 사방으로 방출되는 강렬한 전파광선이 나타나야 했기 때문이다. 우주가 처음 폭발할 때 방출된 전자파는 130억 년 동안 서서히 이상한 작은 소리의 잡음 형태로 지구에 전달되었다. 1960년대 천문학자들은 하늘의 모든 방향에서 오는 정체 모를 균일한 소리를 알아내려 했다. 빅뱅 이론에 대해 들어본 적 없던 윌슨과 펜지어스가 바로 그 주인공이다.

천체물리학을 전공한 두 사람은 당시 과학계의 엘리트가 아니었다. 미국 뉴저지주 소재 벨Bell 연구소에 근무하며 순수과학에 대한 연구보다는 자신들의 명예와 성과 등 사업의 성공에 더 관심이 많았다.

1936년 텍사스주 휴스턴에서 태어난 로버트 윌슨은 어려서부터 호기심이 넘치고 영민했다. 피아노와 트럼본을 연주할 줄 알았으며, 청소년기에는 동네 밴드에서 두각을 나타냈다. 윌슨은 석유회사에 다니던 아버지를 자주 쫓아다니며 전자제품을 가지고 놀 기회가 많았다. "나의 부모님은 '수제품'을 무척 좋아하셨다. 부모님에게는 어떤 일이든 어렵고 가치가 있었다. 전자제품에 관심이 많았던 아버지의 성향을 그대로 물려받아, 나는 라디오와 텔레비전을 해체했다가 다시 조립하며 놀았다. (…) 나만의 하이파이를 만들고 친구들과 라디오 송신기 만드는 것을 좋아했다. 송신기가 작동하기 시작하면 나는 다른 것을 또 만들었다."

고등학교 시절 평범한 학생이었던 윌슨은 수학과 과학에 유독 소질이 있었고, 결국 휴스턴의 라이스 대학교에서 역량을 펼치고 물리학을 전공했다. 훗날 그 유명한 MIT에서도 학위를 받았지만, 윌슨은 자신이 진정으로 연구하고 싶은 분야가 무엇인지 잘 몰랐다. 몇 달간 고민의 시간이 흐르고, 물리학과 전자공학에 대한 남다른 관심이 곧 훌륭한 전파천문학자가 되기 위한 밑거름이 될 것이라는 사실을 깨달았다. 전파천문학자는 이론적인 계산보다는 전파를 탐지하는 데 더 많은 시간을 할애해야 하는 직업이었다. 5년 동안 박사 학위 과정을 밟으면서, 윌슨은 시에라 네바다에 위치한 오언스 밸리 전파 관측소Owens Valley Radio Observatory의 개발에 참여했다. 또한 당시 미국의 통신 사업을 독점하고 있던 AT&T의 벨 연구소에서도 일을 시작했다. 전파 증폭기 개발 연구에 참여하면서 1962년에 박사 학위를 취득했다. 이듬해 벨 연구소는 당연히 그를 정식으로 고용했다. 1년 전부터 연구소에서 근무하고 있던 아노 펜지어스와의 합동 연구는 그렇게 시작되었다.

나치 독일의 시대가 열리기 몇 달 전인 1933년 4월 뮌헨에서 태어난 아노 펜지어스는 여섯 살 때까지 중산층의 유대인 가정에서 안락한 생활을 보냈다. 하지만 비극이 찾아왔다. 그의 부모는 유대인 아동 구조 작전을 통해 펜지어스를 동생과 함께 영국으로 피신시켰다. 영국으로 떠나는 기차 안에서 사탕 봉지를 손에 쥐며, 어린 펜지어스는 이제 혼자가 되었다고 생각했다. 그러나 몇 주 뒤, 기적처럼 독일을 탈출한 그의 부모가 런던에 왔고, 1939년 12월 말 펜지어스 가족은 대서양을 건너 뉴욕에 정착했다.

펜지어스는 브롱스의 공립학교에서 수학한 뒤, 남학생들만 입학할 수 있는 브루클린 기술고등학교에 진학했다. 미국 땅에 발을 디딘 그 순간부터 펜지어스 가족은 가난에 시달렸다. 장학금을 받으며 뉴욕 시립대학교에서 공부한 덕분에 이후 학업을 더 이어나갈 수 있었다. 펜지어스는 처음에는 화학공학을 전공으로 선택했지만 빠르게 포기하고 물리학으로 진로를 바꾸었다. 워낙 두뇌가 탁월해, 학교에서 최우수 학생으로 손꼽혔다. 그 후 군에 입대해 미국 육군통신대 소속 전파장비부대에서 부대 간의 통신 및 정보 시스템을 관리하며 2년간 복무했다. 군대에서의 경험을 바탕으로 펜지어스는 컬럼비아 대학교 방사선연구소에서 조교 자리를 얻어 마이크로파 물리학 연구에 적극적으로 참여했다.

1950년대 말, 마이크로파 물리학 분야는 대학에서나 통신회사에서나 인기가 있었다. 천문학자들에게 우주에서 전달되는 전파와 마이크로파는 우주를 탐구하고 우주에서 발생하는 현상의 메커니즘을 관찰할 수 있는 최고의 수단이었다. 위성통신 전문가들은 전파의 송수신이 원격통신 방법의 기초라고 생각했기 때문이다. 1928년부터 벨 연구소의 천문학자 카를 잰스키Karl Jansky는 단파短波 사용을 연구해 대서양을 횡단할 수 있는 전화를 개발하고자 했다. 그러나 1937년이 되어서야 잰스키의 연구를 이어받은 그로트 레버Grote Reber가 직접 투자해 자연에서 발생한 전파와 때때로 우주에서 날아오는 전파를 관찰할 수 있는 최초의 포물면전파망원경을 개발했다. 제2차 세계대전으로 군사용 레이더 사용이 확산되기 전까지 연구를 지원받았던 레버는 전파천문학의 발전을 가속화하는 데 기여했다.

컬럼비아 대학교에 재학 중이던 아노 펜지어스는 분자증폭기 메이저MASER의 공동 개발자 찰스 타운스Charles Townes 교수 밑에서 연구했다. 메이저는 고감도의 안정적인 마이크로파 발진을 가능하게 하는 장치로, 적외선, 가시광선, 자외선 영역에까지 확장되는 레이저보다 훨씬 이전에 만들어졌다.

1960년 8월, 벨 연구소에서는 전화, 라디오, 텔레비전의 통신을 전송하기 위한 일련의 실험을 실시했다. 전체가 금속으로 뒤덮여 전파를 반사하는 지름 30m의 대형 풍선처럼 생긴 '에코Echo' 위성을 이용했다. 미국 항공우주국NASA에서 발사한 에코 위성은 3년 전 소련이 최초로 쏘아 올린 스푸트니크Sputnik호를 겨냥한 것이었다. 한데 지구에서 보내고 위성의 금속 면에 반사된 전파가 뒤엉키는 현상이 발생했다. 주위 도시로부터의 간섭도 원인이지만, 우주에서 발생한 전파와 마이크로파 때문이기도 했다. 전파의 혼선을 최대한 막기 위해, 벨 연구소는 에코 위성과 두 가지를 결합했다. 잡음을 제거하기 위한 전자증폭기와 '혼 안테나horn antenna'를 이용한 것이다. 뉴저지주 홈델Holmdel에 설치된 바로 이 안테나가 로버트 윌슨과 아노 펜지어스의 운명을 바꾸었다.

최대한 많은 지상 복사를 제거하기 위해 매우 이상적인 긴 피라미드 형태의 혼 안테나는 대기권 밖에서 오는 신호를 모아 깨끗하게 만드는 데 매우 효과적이었다. 실험은 성공적이었고, 냉전이 한창이던 시대에 아이젠하워 대통령의 목소리를 전 세계로 송출할 수 있었다. AT&T와 벨 연구소도 NASA의 연구 성과에 힘입어 위성통신 안테나 개발에 뛰어들었다. 그런 가운데 1962년 7월 10일 인공위성 텔스타 1Telstar 1이 우주에 발사되었다. 이제 혼 안테나를 사용하지 않아도 자체적으로 신호를 증폭시킬 수 있게 되었다. 혼 안테나는 이제 더 이상 필요하지 않아 보였다. 비록 상황이 좋지 않았지만, 완벽한 전파망원경을 만들겠다는 윌슨과 펜지어스의 결심을 꺾지 못했다.

대학 시절, 윌슨과 펜지어스는 우주에서 전달되는 약한 신호를 탐지할 방법에 대해 배웠다. 주위 잡음을 줄여주는 새로운 장치가 장착된 혼 안테나는 작업에 매우 유용한 도구였다. 공식적으로, 두 천문학자는 지구의 대기가 전파에 미치는 영향에 대한 연구와 위성통신 전송 기술에 필요한 전문지식을 탐구한 것이다. 그러나 사실 그들의 접근 방식은 기초과학 연구에 더 가까웠다.

윌슨과 펜지어스는 전파망원경으로 변형된 그들의 안테나를 이용해 관찰할 수 있는 현상들을 기록했다. 펜지어스는 "기술적으로 가장 어려웠던 것은 하늘 더 높은 곳에 있는 은하계에서 방출된 복사량을 측정하는 일이었다"고 말한다. 두 사람은 우선 가장 밝은 전파원인 카시오페이아자리 A의 전파를 측정하는 것부터 시작했다. 지구에서 약 11000광년 떨어진 카시오페이아자리 A는 우리 은하 안에 있고, 1660년대 말에 생긴 별이 폭발해서 생긴 초신성 잔해였다. 윌슨과 펜지어스는 동료 학자들에게 카이오페이아자리 A의 전파 신호는 위성이 방출하는 주파수인 4GHz와 동일하다고 설명하며 연구의 정당성을 입증했다. 두 사람은 1.4GHz에서 신호를 측정해 은하 주변을 둘러싼 수소 구름에서 나온 빛을 연구하기로 했다.

첫 번째 연구 결과가 나올 무렵, 계획에 적합한 실험 장치 개발에 몇 달간 몰두하고 있던 윌슨과 펜지어스는 뜻밖의 충격적인 사건을 경험했다. 위성 자체와 지구 대기상에서 생성되는 배경 잡음을 제거하기 위해 안테나 상태를 확인하는 과정에서 하늘의 모든 방향에서 날아오는 정체를 알 수 없는 기이한 신호를 탐지한 것이다.

이런 상황에서 생각할 수 있는 과학적 논리는 새로운 물리 현상을 발견했거나 실험 장비에 결함이 있거나 두 가지뿐이었다. 윌슨과 펜지어스는 기계 결함의 가능성에 대해서는 결코 생각하고 싶지 않았다. 끝이 없을 것 같았던 지난 9개월 동안, 그들은 카시오페이아자리 A 전파를 모든 방향에서 측정할 수 있는 안테나를 만들기 위해 온갖 노력을 했으니 말이다! 장비에서 이상한 점을 한 가지도 발견하지 못했는데 허탈하게 잡음은 계속 이어졌다.

절망에 빠진 두 사람은 이 이상한 신호의 원인을 설명하기 위해 기상천외한 생각을 떠올렸다. 노벨상 수상 당시 발표한 상세 보고서에서 윌슨은 이렇게 말했다. "안테나에 인위적인 소음이 감지되었을 가능성을 생각해보았다. 그러나 우리가 안테나를 뉴욕을 포함해 지평선상의 모든 방향으로 돌렸을 때도 신호는 끊이지 않았다." 다시 말하면, 뉴욕에서 발생한 다양한 전파 때문에 이상 신호가 발생한 것은 아니라는 의미였다. 그래서 두 사람은 은하수 내부에서 전달된 신호가 아닐까 생각했다. 만약 그렇다면, 별이 반짝이는 밤에 지구에서 관측된 우리 은하와 흡사한 은하수로 안테나를 향하게 했을 때 그 신호는 최대치로 증가해야 했다. 그러나 신호는 하늘의 사방 어디에서나 감지되었고 은하수의 가장 먼 곳을 가리켰을 때도 동일한 강도로 감지되었다. 태양계가 과학자들이 모르는 전파를 보내고 있는 것일까? 하지만 그것 역시 불가능한 이야기였다. 이상한 신호는 사계절 내내 지속되었기 때문이다.

때마침, 윌슨과 펜지어스는 안테나에 둥지를 튼 비둘기 두 마리를 발견했다. 윌슨은 당시 상황을 이렇게 설명했다. "모두가 잘 알고 있는 안테나 안쪽의 흰 부분이 비둘기 둥지로 덮여 있었다." 그렇다면 이상한 전파 신호는 비둘기의 배설물 때문에 발생한 것이란 말인가? 너무 황당한 상황이라, 어떤 가설에 대해서도 굳이 생각할 필요가 없어 보였다. 조류학자들과 함께 윌슨과 펜지어스는 불청객이었던 비둘기 두 마리를 잡아 멀리 날려 보냈다. 윌슨은 "비둘기 둥지와 배설물을 전부 치웠으니, 이제 그 이상한 전파 신호에도 변화가 있을 것이라 생각했다"고 회상했다. 이틀 후, 비둘기가 다시 돌아왔으나 연구를 방해한 죄로 모두 권총에 맞아 죽었다. 그렇지만 몇 주 뒤, 비둘기들에겐 아무런 죄가 없었음이 밝혀졌다.

윌슨과 펜지어스는 골똘히 생각에 잠겼다. 윌슨은 1962년에 박사학위를 끝내고 하와이에 체류했던 때가 생각났다. 누이와 저녁 시간을 즐기며 보았던 밝은 오렌지빛으로 물든 하늘이 떠올랐다. 적도에서 관찰할 수 있는 오로라 같았던, 상상할 수 없을 정도로 아름다운 그 광경은 사실 태평양 상공에서 벌어진 핵실험 때문에 나타난 것이었다. 그렇다면 만약 안테나가 핵실험에서 발생한 방사성 물질의 잔해에 영향을 받은 것은 아닐까? 생각해볼 법한 가설이었다. 그러나 만약 그렇다면, 시간이 지날수록 이상한 신호가 당연히 줄어들어야 했다. 하지만 처음 탐지된 이후 신호는 어떤 상황에서든 지속되었다.

온갖 가능성을 생각해보다 지친 윌슨과 펜지어스는 차라리 이 이상한 전파 신호에 대한 이론적 설명을 구축하기로 마음먹었다. 흩어져 있던 퍼즐 조각은 마침내 뜻밖의 전화 한 통으로 서서히 맞춰졌다. 어느 날 아노 펜지어스는 MIT에 있는 동료 버니 버크Bernie Burke와 다양한 주제로 이야기를 나누던 중, 버니 버크가 펜지어스에게 '쓸데없는 실험'의 결과를 물었다. 사실 버니 버크의 눈에는 은하수 주변에서 발생하는 전파가 실제로 존재하는 것도 아닌데 쓸데없이 아까운 시간만 낭비하는 것처럼 보였기 때문이다. 펜지어스는 그에게 제거할 수 없는 이상한 전파 신호에 대해 이야기하면서 실험에 실패했다고 대답했다. 잠시 침묵이 흐른 뒤, 심각한 목소리로 버니 버크가 이렇게 말했다. "프린스턴 대학교의 로버트 딕Robert Dicke과 한 번 이야기해봐!"

로버트 딕은 몇 년 전부터 고밀도, 고온의 최초 우주, 즉 빅뱅 이론에 등장하는 초기 우주이자, 20년 전 조지 가모George Gamow가 주장한 것에 대해 연구해온 물리학자였다. 그는 거대한 폭발로 탄생한 우주는 강렬한 광선을 방출했을 것이라고 생각했다. 그 후 입자들이 결합했고, 우주는 그렇게 확장되고 팽창했으며, 급속도로 냉각되었다는 것이다. 그러나 폭발 당시 발생한 광선은 그 정도가 약해졌더라도, 빅뱅의 메아리는 전자파의 형태로 지속될 것이라고 생각했다. 로버트 딕의 가설대로라면 전자파는 하늘에서 매우 균일하게 나타나야 했다.

딕은 자신의 가설을 확인하기 위해 빅뱅의 조건을 재현할 수 있는 이론에 대해 계산하던 제임스 피블스James Peebles와 전자파를 감지할 수 있는 수신기 개발에 몰두하던 데이비드 윌킨슨David Wilkinson과 함께 연구하고 있었다. 딕이 이끌던 소규모 연구 팀은 당시 가설과 연구 내용을 숨기지 않고 여러 학술대회에서 진전 상황을 알리곤 했다.

친구의 조언에 따라 펜지어스는 수화기를 들고 로버트 딕의 전화번호를 눌렀다. 딕과 그의 동료들은 점심 식사를 하기 위해 모여 있었는데, 피블스와 윌킨슨은 통화를 하며 '대기', '복사선' 등 익숙한 단어들을 중얼거리는 딕의 모습을 지켜보았다. 몇 분 뒤, 수화기를 내려놓고 잠시 말이 없던 딕은 곧 입을 열었다. "친구들, 우리가 한발 늦었군." 무슨 말인가 싶었던 동료들의 얼굴은 딕의 대답을 들을수록 점점 창백해졌다. 빅뱅 이론과 전혀 상관없는 웬 통신회사 연구소의 두 직원이 우주 대폭발의 결정적인 증거를 발견했다니……!

며칠 뒤, 딕의 연구 팀은 벨 연구소를 방문해 윌슨과 펜지어스를 만나 그들의 길고 힘들었던 실험 이야기를 들었다. 빅뱅 이론에만 몰두했기에 딕은 깊은 패배감에 젖었지만, 윌슨과 펜지어스는 마침내 골칫거리였던 이상한 전파 신호에 대해 이론적인 설명을 할 수 있다는 사실에 기쁘기만 했다. 비록 당시엔 정상상태우주론이 대세여서 팽창우주론은 환영받지 못했지만 말이다. 딕의 연구 팀과 윌슨, 펜지어스는 각자 기사를 작성했다. 첫 번째 기사는 이상한 전파 신호를 감지한 사실을 기록한 것이었고, 두 번째는 우주의 기원에 대한 것이었다. 로버트 윌슨은 「뉴욕 타임스」 1면에 대형 전파망원경 앞에 서 있는 그의 모습이 실리고 나서야, 그가 발견한 사실의 중요성과 과학적 논의의 중요성을 깨달았다. 에드윈 허블Edwin Hubble이 20년 전 진행했던 관측은 윌슨의 발견에 큰 힘이 되어주었다. 허블은 은하가 지구에서 멀어지는 속도를 측정할 수 있는 계산식을 발견해, 우주가 팽창한다는 것을 증명할 수 있는 확실한 증거를 제시했다.

수년간의 분석과 계산 끝에, 우주론자들은 우주의 역사와 우주 복사에 대해 점차 확신을 갖기 시작했다. 수소 원자핵과 3000도 넘는 전자로 구성된 우주에서 우주 복사가 발생했다는 것이다. 빛이 퍼질 수 없는 안개 같은 우주에서, 빛 에너지를 지닌 광자는 계속 흡수되다가 입자를 만났을 때 다시 방출된다. 온도가 급격히 떨어지면 입자들은 서로 결합하고 원자를 형성한다. 빅뱅이 발생하고 38만 년이 지나서야 마침내 우주에는 한 줄기 빛이 생긴다. 물질의 덩어리는 점점 규모가 커지고 우리 은하를 형성했다. 우주의 거대한 빈 공간이 은하를 나누고, 우주는 투명해졌다. 안개에 갇혀 있던 우주 복사는 그렇게 자유 여행을 시작했고, 140억 년 뒤 윌슨과 펜지어스의 안테나에 도달한 것이다.

1970년대 중반, 우주의 대폭발과 팽창에 대한 이론은 아이러니하게도 그 복잡성이 하나도 드러나지 않는 '표준우주모형'이라는 이름으로 불리게 되었다. 1978년, 아노 펜지어스와 로버트 윌슨은 오늘날 '우주 배경 복사'의 시작이 된 빅뱅의 메아리를 발견한 공로를 인정받아 노벨 물리학상을 공동 수상한다.

행운의 두 전파천문학자의 이야기는 세렌디피티의 전형적인 사례라고 할 수 있다. 우주에서 날아온 전자파를 로버트 딕이나 우주의 신호를 전문적으로 탐구하던 연구 팀에 의해 언젠가 분명 발견되었을 것이다. 그러나 우주 배경 복사의 발견 역사가 더 인상 깊은 이유는, 몇 번이고 연구를 포기할 수도 있었던 로버트 윌슨과 아노 펜지어스가 끈질기게 버텼기 때문이다. 예측할 수 없는 미지의 무언가를 이해하려 노력하는 데 무한한 시간과 노력을 기울였다는 것 자체만으로도 훌륭한 과학적 탐구 태도라고 할 수 있다. 그렇기 때문에 두 사람 모두 가장 아름다운 노벨상 수상자가 된 것이다.

30년 뒤 우주배경탐사선COBE은 우주 배경 복사의 정확한 관측을 위해 우주로 발사되었고, 우주 배경 복사의 존재에 대한 마지막 의구심까지 없애버렸다. 2003년, 윌킨슨 마이크로파 비등방성탐색기

WMAP는 완벽하게 균일하다고 생각했던 우주 배경 복사의 미세한 차이를 증명해 이론에 정확도를 부여했다. 우주 배경 복사 지도는 오늘날 지구 주위에서 관측할 수 있는 거대한 구조를 형성하기 위해 우주의 물질들이 모이기 시작한, 우주의 어린 시절을 알아볼 기회를 제공한다. 2009년 발사된 플랑크Planck 위성과 선행 연구보다 더 명확한 정보들의 등장으로 우주의 형성과 구조를 이해하고 그 성장까지도 알 수 있게 된 것이다.

홈델에 보존되어 있는 윌슨과 펜지어스의 안테나는 1990년 미국 국립역사기념물로 지정되었다. 비둘기가 머물렀던 이 안테나는 20세기 가장 위대한 발견을 가져다주었다!

# 조슬린 벨 버넬

1943~

## 그 순간, 1967

# 맥박처럼 깜빡이는 펄서를 발견하다

행성, 별, 성운, 블랙홀……. 각각 따로 존재하는 다양한 우주 물체들은 함께 어우러지면서 물리법칙을 만들어낸다. 초신성이 폭발할 때 생성되고 빠른 속도로 회전하는 중성자 별 펄서Pulsar가 바로 그 예다. 우주의 등대처럼 깜빡이며 양극으로 전자기파를 발산하는 펄서는 별이 형성되는 과정과 수많은 천체물리학적 현상에 대한 귀중한 정보를 담고 있다.

펄서는 그 자체로도 매력적인 연구 주제다. 1967년 북아일랜드 출신 대학생 조슬린 벨 버넬이 펄서를 발견한 순간에는 무엇인지 정체를 알지 못했다. 맨 처음 펄서가 보내는 빛을 관측했을 때는 인류와 접촉하려는 '작은 초록 외계인'이 보낸 신호라고 생각했으니 말이다…….

1943년 북아일랜드 벨파스트 남서부에 위치한 도시 루건에서 태어난 수전 조슬린 벨 버넬Susan Jocelyn Bell Burnell은 지역의 가톨릭 초등학교를 다녔는데, 그곳에서 여자아이들은 과학을 공부할 수 없었다. 오히려 미래에 엄마가 될 여자아이들에게 집에서 요리나 바느질을 가르치는 일이 더 빈번했다. 다행스럽게도 어린 조슬린은 여성으로서 정해진 슬픈 운명을 피할 수 있었다. 현대적이고 계몽적인 부모 덕분에 일찍이 바느질보다는 지식에 눈을 떴다. 건축가였던 그녀의 아버지는 아마주의 관측소 내에 있는 플라네타륨planetarium 설계를 위해 오랜 시간 일해왔다. 조슬린은 아버지를 따라 관측소에서 자주 시간을 보냈다. 관측소 직원들의 시선을 사로잡을 정도로 어린 조슬린은 천문학 서적에 코를 박은 채 시간 가는 줄 모르고 읽었다. 과학에 대해 남다른 관심을 가진 아이의 모습에, 그녀의 부모는 여자아이는 과학 공부를 할 수 없다는 교육제도에 항의했다. 그들의 요구가 받아들여져 조슬린은 남자아이만 들을 수 있는 수업에 참석할 수 있게 되었다. 하지만 학교에서 조슬린이 지닌 역량을 맘껏 펼치기는 어려웠다.

열두 살 되던 해, 조슬린이 중학교 입학시험에서 떨어지자, 그녀의 부모는 조금도 실망한 기색 없이 조슬린을 영국의 요크에 있는 퀘이커교 여학생 기숙학교인 마운트 스쿨에 보내기로 결정했다. 기숙학교에서 조슬린이 존경하던 물리학 선생님은 그녀에게 늘 이런 말을 해주었다. “모든 것을 암기할 필요는 없어. 핵심 개념을 현명하게 응용해서 새로운 것을 만들거나 발전시킬 가능성을 만들어내는 것이 더 좋은 방법이란다.” 선생님의 조언을 종이에 적어 되새기던 조슬린은 물리학에 대한 자신의 열정을 가로막던 마음의 장벽을 깨부술 수 있었다. 그 말은 그녀의 모든 학업과 연구에서 좌우명과도 같았다. 1965년, 스물두 살 때 스코틀랜드 글래스고 대학교에서 물리학 학위를 받은 뒤, 같은 해 영국 케임브리지 대학교에서 전파천문학 박사 과정을 시작했다.

조슬린은 케임브리지 대학교에서 앤터니 휴이시Antony Hewish 교수 밑에서 연구했다. 중간 정도의 키에 흰머리가 듬성듬성 나고 큰 안경 뒤에서 반가운 눈빛을 보내던 휴이시 교수는 자신의 연구 팀에 들어오라고 조슬린을 설득할 필요가 없었다. 그는 퀘이사quasar에 대해 연구하고 있었다. 당시에는 잘 알려지지 않았지만, 퀘이사란 거대 질량의 블랙홀을 둘러싸고 있는 고밀도 공간으로, 그 공간 안에 있는 물질들이 고속으로 회전하면서 밝은 빛을 내는 원반 형태의 발광체를 말한다. 퀘이사를 발견하기 위해 휴이시는 행성 간의 신틸레이션을 이용했다. 천체물리 현상을 탐지할 수 있는 기술로, 몇 년 전에 만들어졌지만 아직 완성된 기술이 아니었다. 신틸레이션 현상은 별빛이 행성 사이의 광대한 공간을 가로질러 지구로 향할 때, 전자와 양성자로 구성된 태양풍과 충돌해 빛의 밝기가 변하면서 나타난다. 밤하늘에 별이 반짝이는 것과 비슷한 현상이다. 그래서 학자들은 눈으로 볼 수 있는 광선의 변화보다는 전파 신호에 더 관심을 보였다.

퀘이사를 발견하기 위해, 휴이시는 매우 짧은 시간에 변화를 측정할 수 있을 만큼 탐지 기능이 좋은 장비가 필요했다. 그래서 조슬린이 이끄는 다섯 명의 소규모 연구 팀에 맞춤형 망원경 제작을 맡겼다. 조슬린은 모든 에너지를 쏟아 빠르게 완성하기 위해 방학을 반납하고 자신을 도와줄 학생들을 모집했다. 2년 동안, 조슬린과 학생들은 테니스 코트 면적의 60배에 해당하는 약 200km의 전선과 케이블로 연결된 2000개의 쌍극자를 조립했다.

1967년 7월, 드디어 전파망원경에 전기를 연결했다. 시작이 꽤 좋았다. 휴이시 교수의 지도하에 망원경의 작동 상태와 데이터의 분석을 담당했던 조슬린은 4일에 한 번씩 하늘을 관찰했다. 신호가 잡히면 자동 기록장치에 달린 네 개의 펜이 움직이며 기다란 흰색 기록지에 검게 표시했다. 조슬린은 매일 30m의 그래프를 직접 일일이 확인했다. 컴퓨터가 자동으로 입력하는 결과를 완전히 신뢰할 수 없었기 때문이다. 실제로 인간의 눈은 기계와 달리 경험을 바탕으로 예상한 것과 다른 특성을 알아차릴 수 있는 능력이 있으니 말이다. 그렇게 조슬린은 우주에서 오는 모든 신호를 수신하고 확인했다. 정말 사소한 것까지 전부 빠짐없이!

처음 6주 동안은 아주 순조롭게 진행되었다. 처음에 조슬린은 수백 미터의 그래프를 살펴보다 무언가 신호를 찾아냈다. 비록 지상에서 발생한 간섭이 우주의 신호를 방해한 결과였지만 그래도 즐거웠다. 하지만 6주를 지나 8주 차에 접어들었을 때, 상황이 변하기 시작했다. 그래프 여기저기에 '긁힌 자국' 같은 조금 이상한 흔적이 남아 있었다. 별빛에 의해 생긴 신호와 달랐다. 누군가의 실수로 생긴 것은 더더욱 아니었다!

양심적인 데다 질서를 중시했던 조슬린은 마치 그것을 눈치채지 못한 것처럼 아무렇지 않게 행동할 수 없었다. 태양이 사라진 어두운 밤중에 빛의 변화가 생긴 것이기 때문에, 행성 간에 발생하는 신틸레이션 현상일 거라고 생각했다. 조슬린은 서둘러 지도교수에게 이야기했다. 깊은 논의 끝에, 조슬린과 휴이시는 그래프에 기록된 이상 신호는 분명 하늘에 있는 천체와 관련 있을 것이라고 결론 내렸다. 아직 알려지지 않은 아주 멀리 있는 별이 보내는 신호라고 생각한 것이다.

이후 조슬린은 이상 신호에 대해 더 연구했다. 1967년 10월 말부터 그녀는 매일 관측소에 나가 늦은 시간까지 그래프를 자세히 살폈다. 11월 말, 몇 주간의 숨바꼭질 끝에 신호에 대한 추가적인 정보를 발견했다. 자동기록계의 펜이 그려놓은 신호의 형태는 맥박처럼 규칙적이었고 몇 초 단위의 완벽한 간격을 두고 있었다. 행성 사이의 공간을 통과한 방사선의 무작위적인 변동과는 현저히 달랐다. 마치 바다 위를 맴도는 등대가 빛의 신호를 보내는 것처럼 말이다!

조슬린은 무언가 새로운 것을 발견했다는 사실에 흥분했다. 도저히 가만히 있을 수 없었다. 강의 중이던 휴이시 교수를 찾아가 방해할 정도였다. 조슬린의 이야기를 듣고 나서, 교수는 그 어느 때보다 심각한 얼굴로 말했다. "이 신호는 분명 인간이 만든 것이 틀림없네." 차마 그 가능성을 생각하지 못했던 조슬린은 하늘을 바라보며 왜 그 신호가 별에서 온 것이 아닌지 이해할 수 없었다. 휴이시 교수 역시 인간이 만든 신호라고 단언했지만, 조슬린이 관측했다는 맥박처럼 규칙적인 이상한 신호를 직접 확인하기 위해 실험실로 향했다.

수년간 관측해왔는데도 아무 소용 없다니, 앤터니 휴이시는 말문이 막혔다. 눈으로 그래프를 확인하자마자 분명 이것은 태양계 너머에 있는 별처럼 거대하고 높은 질량을 가진 물체가 보내는 신호라는 것을 확신했기 때문이다. 조슬린과 휴이시는 특정 궤도에 있는 인공위성, 전파망원경 근처 건물의 골함석, 달이 보내는 전파 등 간섭이 발생할 수 있는 우주의 모든 인공물을 제외하고 생각해보았다. 그래도 도저히 이해할 수 없었던 두 사람은 '작은 초록 외계인Little Green Men'이 보내는 신호라고 생각해 'LGM-1'이라는 이름을 붙였다.

1967년 12월 어느 날, 조슬린은 집으로 돌아가는 길에 어둑해지는 하늘을 바라보며 깊은 생각에 잠겼다. 나라의 모든 지식인이 모여 있는 성스러운 도시 케임브리지의 거리를 걷다보니 그녀는 화가 치밀어올랐다. 작은 초록 외계인들이 안테나를 사용해 지구와 소통하기 위해 내 그래프를 이용했다니, 이게 말이 되는 소리인가? 물론 꽤 관심거리는 되겠지만, 이걸 가지고 어떻게 물리학 박사 논문을 쓴단 말인가? 미친 사람이라고 손가락질당할 것이 뻔했다. 아니면 정말 인류를 새로운 세계로 인도할 선구자가 되는 것이 낫단 말인가? 그렇다면 과학적이고 합리적인 부연 설명이 필요했다.

치열하게 고민하던 조슬린은 집에 거의 다다랐으나 다시 전파망원경을 확인하러 돌아갔다. 몇 시간 더 관측한다고 더 나빠질 것은 없을 테니 말이다.

연구실에 도착하자마자, 그동안의 관측을 중단하고 새로운 데이터를 모아 마치 기계처럼 분석해보기로 했다. 수 킬로미터의 전선과 케이블로 연결된 전파망원경이 추운 겨울밤에 밖에서 잘 견딜지는 확신할 수 없었다. 우선 조슬린은 카시오페이아자리 A에서 오는 신호부터 다시 기록했다. 카시오페이아자리에 있는 초신성의 잔해는 3세기 전부터 지구에서 관찰되었기 때문에 그 특성도 잘 알려져 있었다. 따라서 적어도 새로운 신호를 그래프에 기록하기 전까지 카시오페이아자리 A는 안정적인 관측 대상이었다. 조슬린은 추위에 떨리는 손으로 이전 기록들을 검토했다. 잠시 후, 조슬린은 소스라치게 놀랐다! 그 이상한 신호가 약하긴 해도 어김없이 또 나타난 것이다! 이게 무슨 일이란 말인가! 조슬린은 더 살펴보고 싶었지만 건물의 불빛이 하나둘씩 꺼져갔다. 망원경은 계속 사용할 수 있었지만, 연구실 개방 시간이 정해져 있고 밤에는 폐쇄되기 때문에 방법이 없었다.

조슬린은 머리가 어지러웠다. 혼란스러운 상태로 집에 돌아와 밤새 잠들지 못하고 뒤척였다.

그날 밤은 몹시 추웠다. 다음 날 새벽 연구실로 달려간 조슬린은 극한의 추위로 망원경이 망가진 것을 발견했다. 하지만 절망할 겨를도 없이 서둘러 망원경을 수리했다. 하루 중 한 번은 그 '신호'가 또 나타날 거라고 생각했기 때문이다. 작동 스위치와 부품을 교체하고 열을 가하자, 기적처럼 딱 5분 동안만 망원경을 다시 작동할 수 있었다. 그사이 1초 이상 간격을 둔 규칙적인 신호를 다시 한 번 확인할 수 있었다. 조슬린은 심장이 터질 것 같았다.

같은 신호가 하늘의 다른 두 곳에서도 나타났다. 조슬린의 머릿속에서 소용돌이치던 먹구름이 걷히고 있었다. 두 개의 다른 외계 생물체가 동시에 같은 행성과 통신하기 위해 동일한 주파수를 동시에 선택한다는 것은 사실상 거의 불가능했다. 따라서 작은 초록 외계인이라기보다는 조슬린이 새로운 천체 물리 현상을 발견한 것이라고 생각하는 것이 더 바람직했다.

앤터니 휴이시 교수는 조슬린에게 크리스마스 휴가 기간 동안 전파망원경의 자동기록계에 빈 종이를 넣고 잉크 카트리지를 가득 채운 뒤, 검은 선으로 가득한 그래프 뭉치를 책상 위에 쌓아놓고 분석하라고 맡겼다. 지도교수가 휴가에서 돌아올 때까지 관측과 분석을 소홀히 하지 않았던 조슬린은 데이터 사이에서 하늘의 두 방향에서 오는 두 개의 새로운 규칙적인 신호를 발견했다. 그리고 2주 뒤에는 세 번째, 네 번째 신호도 발견했다. 마침내 조슬린은 확신했다. LGM-1이 아닌 다른 이름으로 과학계에 자신의 발견 사실을 알려야 한다는 것을 말이다.

유명한 과학 저널 『네이처』에 소개되기 전날, 케임브리지 대학교의 거의 모든 천문학자가 세미나실에 모여 휴이시 교수의 이야기를 들었다. 흥분된 목소리로 관심을 보이는 학자들의 모습을 보며, 조슬린은 그녀가 발견한 사실이 과학적으로 얼마나 중요한 것인지 체감했다. 휴이시 교수는 두 개의 초소형 천체인 중성자별 혹은 백색왜성에서 발생한 빛이라며 천체물리학적 설명을 제시했다.

당시 빅뱅 이론의 반대자로 잘 알려진 정상우주론자 호일Hoyle 교수는 대단한 발견이라며 찬사를 보냈다. 그 역시 처음 들어본 우주의 천체였기 때문이다. 호일은 머릿속으로 빠르게 계산해보고 처음에는 회의적이었지만 이내 고개를 끄덕였다. 초신성이 폭발해 빠른 속도로 회전하는 중성자별이 만들어졌고, 그 과정에서 발생한 강력한 복사가 별의 자기축을 따라 방출된 것이 분명했다. 회전하면서 발생한 복사는 등방성이 없기에 규칙적인 신호처럼 조슬린의 그래프에 기록된 것이었다. 더 나아가, 자기축은 중성자별의 회전축과 일치하지 않는다. 그래서 자성을 가진 극을 따라가는 복사가 서로 반대 방향에서 두 개의 빛으로 방출된다. 원뿔 형태로 방사되는 이유도 바다에서 등대가 돌아가는 것처럼 중성자별이 빛을 내며 우주 공간을 회전하기 때문이다. 전파가 지구를 향하면 보이지만 그렇지 않으면 보이지 않기 때문에, 마치 맥박이 뛰는 것과 같다. 그렇게 탄생한 새로운 천체물리 현상의 이름이 바로 맥동脈動하는 전파별pulsating star, '펄서pulsar'다.

펄서 발견 소식이 보도되자 과학계는 흥분하기 시작했다. 더구나 한 여성 천문학자의 손에서 탄생했다는 사실에, 기자들은 세기의 발견이 이루어진 과정을 어떤 의도에서든 알아내고자 득달같이 달려들었다. 또 다른 펄서는 몇 년 뒤 다른 전파망원경에서 발견되었고, 그 현상과 중성자별 사이의 관계가 완전히 정립되었다.

펄서는 천체물리학의 지대한 발전의 길을 열었다. 오랫동안 베일에 가려져 있던 중성자별의 존재를 밝힐 수 있도록 도와주었다. 중력의 힘으로 결합된 중성자로 이루어져 있는 이 초소형 천체는, 초신성이 폭발하면서 별의 중력 붕괴 현상이 발생하면서 생긴 잔해였다. 지금까지도 과학자들은 은하계 혹은 그 주변의 성운이 방출하는 것이라고 생각했던 빛이 실제로는 멀리 떨어진 펄서에서 유래된 것이라는 사실을 발견하고 또 놀란다. 펄서의 빛을 발견한 이후 축적된 모든 지식 덕분에 펄서를 발견한 모든 천문학자가 1974년 노벨 물리학상 수상의 영광을 누렸다.

아니, 사실 모두는 아니다! 물론 연구를 이끈 지도교수 앤터니 휴이시의 수상은 당연했다. 그럼 또 누가 수상했을까? 황당하게도 바로 전파망원경 개발에 참여했던 마틴 라일Martin Ryle이었다! 반면, 펄서의 발견에 가장 큰 기여를 한 조슬린 벨은 노벨상 수상자에서 제외되었다. 단지 학생이라는 이유였다. 부당한 결과임에도 조슬린이 수긍할 수밖에 없었던 것은, 연구의 성공과 실패는 모두 지도교수에게 책임 있다는 과학계의 불문율 때문이었다. 더구나 조슬린이 여성이기 때문에 과학적 성과에 대한 객관적인 찬사가 아닌 부당한 차별을 당한 것이었다.

이런 식의 우연한 발견은 수동적인 관측이 주를 이루는 천문학 분야에서 자주 나타난다. 천문학자들이 아무리 특정한 천체물리 현상을 관찰하기 위해 최선의 관측 장비를 준비한다고 하더라도 우주에서 보내는 신호를 직접 조종할 수는 없으니 말이다.

조슬린 벨의 펄서 발견 이야기는 과학자가 연구 과정에서 반드시 지켜야 할 태도가 무엇이지 보여준다. 바로 데이터를 분석할 때는 기계가 아닌 자신의 눈을 믿어야 한다는 것이다. 인공지능이 발달한 이 시대에, 아무리 강력한 알고리즘이라도 데이터에 나타나는 변화나 이상한 점을 언제나 감지하고 해석할 수 있는 것은 아니다. 인간의 눈과 달리, 어쩌면 기계는 그냥 무시해버릴 수도 있다.

예일 대학교에서 천문학 박사 과정을 밟고 있는 케빈 샤빈스키Kevin Schawinski가 2007년에 '참여하는 천문학 프로젝트'를 시작한 것도 이런 이유다. 형태와 색깔에 따라 5만 개 넘는 은하를 분류하던 샤빈스키는 '은하동물원Galaxy Zoo'이라는 인터넷 사이트를 개설해 100만 개의 은하 사진을 업로드했다. 반응은 매우 뜨거웠다. 연구 팀이 하루 24시간 내내 달려들어도 시간이 모자랄 분류 작업이 몇 달 만에 완성되었을 뿐만 아니라, 예상치 못한 현상까지 발견되었다. 정말 눈부신 결과였다! 그중에서도 네덜란드의 한 교사였던 한니 판 아르켈Hanny van Arkel이 발견한 '한니의 물체Hanny's Voorwerp'가 대표적이다. 이 신비로운 은하 물체는 나선은하에서 발생한 퀘이사의 빛을 반사하는 것이었다. 그녀의 발견은 수많은 과학 잡지에 실리고 네티즌 사이에서 큰 화제가 되었다.

참여하는 천문학 프로젝트가 성공함에 따라, 인터넷상에는 생물학 등 다양한 과학 분야에서의 참여로 이어졌다. 허블 우주 망원경 연구에 참여했던 앨라배마 대학교의 빌 킬Bill Keel 연구원은 한니 판

아르컬의 발견에 대해 이렇게 말한다. "한 일반인의 과학적 호기심이 발견한 '한니의 물체'는 참여 과학의 본보기가 될 수 있는 사례일 뿐 아니라, 아마추어를 포함한 모든 과학자가 가지고 있는 모든 데이터에 예상치 못한 엄청난 정보가 숨어 있을 수 있다는 교훈을 남긴다."

# 스펜서 실버

1941~

## 그 순간, 1968

# 노란 나비, 포스트잇이 탄생하다

우연히 발견된 것들이 우리가 세상을 바라보고 이해하는 방법에 획기적인 변화를 늘 가져다주는 것은 아니지만, 엄청난 산업 발전으로 이어지거나 사회에 막대한 영향력을 발휘할 수는 있다. 1980년대부터 직장은 물론이거니와 우리의 실생활에 침투해 소통 방식을 완전히 바꿔놓은 노란 카나리아색의 작은 메모지 포스트잇Post-it이 바로 그 예다. 처음에 실패작으로 치부되었던 포스트잇은 훗날 기막힌 발명품으로 거듭났다.

포스트잇이 일상에서 빼놓을 수 없는 필수품이 되기까지는 약간의 우연과 함께 10년 이상의 시간이 필요했다. 포스트잇의 탄생과 부상 과정을 뛰어넘을 만한 것은 아무것도 없을 것이다. 어쩌면 컴퓨터의 발전도 포스트잇에는 비교할 수 없을지 모른다. 연구와 기술적 혁신, 시장의 법칙이 만나는 교차점에서, '노란나비' 포스트잇의 탄생에는 어떤 우연이 있었던 것일까?

스펜서 실버Spencer Silver는 미국 콜로라도 대학교에서 유기화학 박사 학위를 취득하고 2년 뒤, 산업용 접착제 연구를 중점으로 하는 미네소타 소재 다국적 기업인 3M의 연구원으로 취직했다. 1968년에는 3M의 항공기 제작을 위한 초강력 접착제 개발 연구에 참여했다. 공급업체를 통해 다양한 단량체[14]를 제공받아 연구했는데, 그것들을 혼합하다보면 접착제의 기본 성질이 있는 중합체를 만들 수 있었다. 당시 항공 우주 산업에서 이용되던 접착제보다 더 강하고 내열에 강한 접착제를 만들기 위해 실버는 여러 가지 단량체를 다양하게 조합해보곤 했다.

하지만 결과는 실버가 의도한 것과 정반대였다. 초강력 접착제는 커녕 접착력도 떨어지고 점성도 약한 중합체가 완성된 것이다. 만족스럽지 못한 결과에 실망했지만, 실버는 자신이 만든 접착제의 매우 독특한 성질에 주목했다. 완성된 접착제는 아크릴 성분이 많아, 압력에는 민감해 부착력이 어느 정도 있었지만 완벽한 접착제로 보기에는 그 정도가 매우 저조했다. 접착제를 바른 종이를 다른 종이에 붙였을 때, 계속 붙어 있을 정도의 접착력은 있었는데, 신기하게도 종이를 떼었을 때 다른 종이에 접착제가 남아 있거나 묻어나지 않아서 종이를 쉽게 붙였다 떼었다 할 수 있었다. 아크릴은 구성 분자들이 분열, 용해, 융합 등에서 탁월한 성질을 가지고 있기 때문에, 실버가

14 고분자화합물 또는 화합체를 구성하는 단위가 되는 분자량이 작은 물질로, 단위체 또는 모노머(monomer)라고도 한다.

만든 접착제로는 종이를 한 번 붙였다가 다시 떼어 다른 곳에 반복적으로 사용할 수 있었다.

실버는 직감적으로 자신이 무언가 굉장한 것을 발명했다는 사실을 깨달았지만 그것을 어떻게 활용해야 할지 몰랐다. 자신의 직감을 믿고 직장 상사에게 그가 만든 접착제를 보여주었지만 반응은 기대에 미치지 못했다. 산업용 접착제를 만드는 회사 입장에서는 접착력이 너무 약했기 때문이다. 그 후 5년 동안 실버는 자신이 만든 접착제를 주제로 하는 기술 세미나를 열어 회사 영업사원들에게 선보이는 등 그의 발명품이 지닌 가치를 인정받고자 고군분투했다. 그러나 안타깝게도 실버의 접착제는 구체적인 활용방안을 마련하는 데 실패하고, 결국 사람들의 기억에서 사라지고 말았다.

1973년, 3M 연구소의 새로운 책임자로 제프 니컬슨Geoff Nicholson이 임명되자, 실버는 접착제 샘플을 들고 그를 찾아가 상업적 활용 방법을 찾았다면서 설득했다. 회사 복도 게시판에 핀으로 꽂아놓은 게시물들을 떼어 게시판 전체에 접착제를 바르자는 것이었다. 그렇게 하면 게시물을 고정하기 위한 스카치테이프나 압정 등을 쓰지 않아도 게시판에 종이를 붙였다 떼었다 할 수 있다는 것이었다. 꽤 괜찮은 아이디어였지만, 제프 니컬슨은 이런 형태 게시판의 연간 수요는 상대적으로 매우 저조해, 실버가 고안한 제품은 수익성이 떨어진다고 판단했다. 그러나 실버가 미국 내 특허를 얻을 수 있도록 필요한 자금을 지원해주었다.

1년 뒤, 상황은 예상치 못한 두 번째 사건에 이어 완전히 급변했다. 실버와 같은 연구소에서 일하던 아서 프라이Arthur Fry 덕분이었다. 교회에서 성가대원으로 활동하던 프라이는 일요일 아침 예배 때부를 찬송가 페이지를 쉽게 찾을 수 있도록 수요일 저녁 연습 때마다 미리 책갈피를 끼워두곤 했다. 그러나 막상 일요일 예배 시간이 되면 허둥지둥하다 끼워놓은 책갈피가 땅에 떨어져 찬송가를 제때 찾지 못하고 당황하는 날이 많았다. 그런 프라이에게 매주 일요일 찬송 때마다 발생하는 당황스러운 문제를 해결하기 위한 아주 좋은 아이디어가 뇌리를 스쳤다. 실버가 만든 접착제를 이용해 책갈피를 찬송집에 살짝 붙이는 것이었다! 실버의 접착제라면 종이에 쉽게 붙일 수도 있고, 떼어낼 때도 책이 찢어지거나 손상되지 않을 것이라는 생각이었다. 실버의 기술 세미나를 기억하고 있던 프라이가 떠올린, 실버의 접착제를 이용할 아주 번뜩이는 활용법인 셈이었다. 훗날 프라이는 언론과의 인터뷰에서 이 순간을 이렇게 묘사했다. "'유레카!'의 순간이었어요. 아드레날린이 마구 샘솟는 것 같았죠." 그렇게 프라이는 접착력이 약한 실버의 접착제를 이용할 방법을 찾았다.

다음 날 프라이는 회사 동료들에게 설명하기 시작했다. "게시판 전체를 접착제로 칠하려고 했던 실버의 아이디어를 반대로 생각해 보면 어떨까? 게시판 전체가 아닌, 붙이려는 종이에 접착제를 바르는 거야. 그럼 붙이고 싶은 곳 어디에나 붙일 수 있고 또 떼어낼 수 있지 않겠어?"

프라이의 생각은 기막힌 아이디어의 전환이었지만 어떻게 만들어야 할지 그 방법을 찾기란 여전히 어려운 일이었다. 종이의 한쪽 가장자리에 실버의 접착제를 바르는 것까지는 문제가 없었지만 쉽게 떨어지지 않고 아무 데나 달라붙지 않게 만들기란 간단한 일이 아니었다. 실버는 다른 재료보다 더 잘 부착되는 재료로 종이를 만드는 데 집중했다. 3M 연구소의 동료 직원 로저 메릴Roger Merrill, 헨리 코트니Henry Courtney와 함께 접착제를 바른 종이의 면을 얇게 깎고, 떼었을 때 붙어 있던 물질에 잔여물이 남지 않도록 일정한 정도를 연구했다. 마침내 그들의 연구는 성공을 거두었지만, 3M에서 제작한 끈끈이 종이의 상용화 가능성은 여전히 불투명했다.

오늘날 우리가 '포스트잇'이라고 부르는 제품은 탄생 후 3년 동안 또다시 외면받았다. 제품을 대량으로 생산하려면 맞춤형 장비와 엄청난 비용이 필요하기 때문에 실패할 수밖에 없었다. 그래도 포스트잇은 미미했지만 3M의 사무실에서 꽤 유용하게 쓰였다. 모든 부서의 직원이 포스트잇에 메모하거나 짧은 메시지를 남기기도 했고, 책갈피로 쓰는 것은 물론 사무실 내 새로운 커뮤니케이션 수단이 되었다.

1977년, 그러니까 스펜서 실버가 접착제를 발명하고 약 10년이 지나서야 3M은 포스트잇의 초기 형태인 '프레스앤필Press 'n Peel'의 상업화에 본격적으로 뛰어들었다. 당시 3M 마케팅 부서의 예산이 제한적이었기 때문에 옆 실험실에서 사용하고 남은 노란색 종이로 시제품을 제작했고, 이때부터 포스트잇의 상징은 노란색이 되었다.

사무용품 유통업체를 통해 프레스앤필을 미국 털사, 덴버, 리치먼드, 탬파, 이렇게 네 도시에서 판매했다.

초기 시장 판매는 처참하게 실패했다. 정확한 사용법을 제대로 설명할 수 없었던 3M 마케팅 부서는 기업 역사상 가장 큰 시장판매 실패를 기록했고, 3M 임원들의 지지를 잃었다. 그러나 스펜서 실버는 제프 니컬슨과 새로 임명된 부사장 조 레이미Joe Ramey에게 마케팅 부서에서 프레스앤필의 사업을 너무 쉽게 포기했다고 설득했다. 유통업자들도 제품에 이미 회의적인 태도를 지녀 고객들에게 그것의 유용성을 제대로 입증하지 못했다면서 말이다. 그러니 최종 소비자가 어떻게 제품의 진짜 가치를 알아볼 수 있겠는가?

1년 뒤 3M은 '노란 나비'가 다시 한 번 사무실에서 날아다닐 수 있는 전략을 짰다. 이번에는 유료 판매가 아니라 미국 아이다호주 보이시 주민들에게 무료로 대량 배포하는 것이었다. 그리고 이 상업적 캠페인은 모든 기대를 뛰어넘어 대성공을 거두었다. 무료로 사용해본 소비자 10명 중 9명은 매장에서 제품을 다시 구매했다. '포스트잇 노트Post-It Notes'로 새롭게 태어난 노란색 접착식 작은 종이는 3M의 임원들마저 당황시킬 정도로 엄청난 인기몰이를 하며 2년 만에 미국과 캐나다 전역에서 불티나게 팔렸다. 그리고 1981년에는 마침내 유럽에까지 진출했다. 프라이는 포스트잇이 마치 '바이러스'처럼 퍼져나갔고, 따로 광고할 필요도 없이 입소문을 타고 판매가 확대되었다고 말한다. 붙었다 떼었다 하며 손에서 손으로 전달되는 포스트잇은 소비자들에게 신기한 접착제에 대한 호기심을 불러일으켰다. 오늘날

100개 이상 국가에서 판매되고 있는 포스트잇은 사무용품 시장을 뛰어넘어 생활용품 시장에서도 꾸준히 사랑받고 있다. 심지어 대형 프레스코화를 만들기 위한 용도로 팝아트 분야에서도 자주 찾는 예술 도구가 되었다.

2010년, 3M의 포스트잇 제작 30주년을 기념하는 자리에서 스펜서 실버와 아서 프라이는 '인류 및 사회, 경제 발전'에 기여한 공로를 인정받아 미국 오하이오주 소재 미국발명가명예전당에 등재되었다. 미국에서는 일종의 전설을 만들어내는 경향이 있어서, 3M은 실버와 프라이의 발명 이야기를 완벽한 하나의 성공 일화로 전하고 있다. 실버와 프라이는 유명세나 명예, 그들이 받은 권위 있는 상에도 불구하고 1990년 중반까지 3M에서 충실히 근무한 뒤 은퇴했다.

일상에서 유용하게 쓰이는 무수한 발명품이 그렇듯이, 포스트잇도 그 진가를 세상에 알릴 동력이 필요했다. 바로 타이밍이다. 실버가 접착제를 발명한 지 10년이 지난 1980년이 되어서야 포스트잇은 시장에 출시되어 조명을 받았다. 즉, 포스트잇의 상용화를 위한 개발이 이루어진 시기와 사람들이 생활에서 메모하고 기억하는 데 효율적인 방법을 요구하던 시기가 맞물려 성공을 거둔 것이다. 물론 10년 넘는 기간 동안 자기 발명품의 가치를 증명하고자 고군분투한 열정적인 과학자들과 사업가들의 끈질긴 노력도 '노란 나비'가 전 세계 곳곳을 날아다니게 한 원동력이었다!

# 비아그라

1996

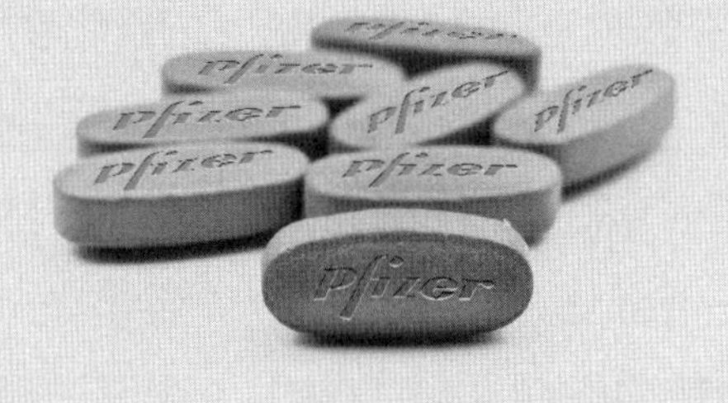

## 그 순간, 1996

# 남성들의 희망, 비아그라가 탄생하다

최근 20년 동안, 비아그라Viagra는 발기부전을 겪는 남성이 정상적으로 성관계를 할 수 있도록 돕는 치료제로 쓰였다. 파란색 작은 알약인 비아그라는 세계적으로 이미 유명하지만, 그 탄생 비화는 아마도 잘 모를 것이다. 원래 비아그라는 말 못할 고민으로 괴로워하는 남성들에게 자신감을 되찾아주기 위해 개발된 것이 아니다! 영국에 있던 제약회사 화이자가 개발한 비아그라는 사실 완전히 다른 목적의 치료제를 연구하다 탄생한 우연의 산물이다.

성생활에 지장을 초래하는 것은 물론이거니와 남성의 자신감을 떨어뜨리는 발기부전은 시대에 관계없이 많은 남성의 고민이었다. 동서고금을 막론하고 이를 해결할 치료법을 찾기 위해 인간은 다양한 방법을 연구해왔다. 오늘날 정력을 샘솟게 만드는 방법에는 여러 신기한 것이 가득하다.

중국을 포함한 대부분 아시아 국가의 전통 의학에서는 코뿔소의 뿔이 남근과 비슷하게 생겨 정력의 상징이 되었다. 코뿔소의 뿔을 먹으면 힘이 불끈 솟아난다고 하여 정력제로 쓰이곤 했다. 과학적으로 분석해보면, 코뿔소의 뿔은 주로 머리카락, 손톱, 피부 등 상피구조의 기본이 되는 단백질인 케라틴으로 구성되어 있고, 최음 성분은 전혀 포함되어 있지 않다. 그러나 정력에 좋다는 코뿔소 뿔은 약 3만~5만 유로(한화로 약 4500만~7500만 원)로, 금값에 버금가는 금액에 암시장에서 거래된다. 배란기의 암컷을 유혹하는 작은 가시 같은 털로 덮인 호랑이의 음경도 전통 아시아 의학에서 인기 있는 정력제였다. 음경뿐 아니라 호랑이의 고환도 강력한 에너지를 가져다주는 보양식이었다고 한다.

남근과 형태가 비슷하고 스트레스를 많이 받으면 흰색의 점성이 있는 액체를 내뿜는 해삼은 인도네시아, 파푸아뉴기니, 필리핀 등 오세아니아 지역 남성들이 정력 회복을 위해 끓여 먹거나 말려 먹거나 구워 먹는 식재료였다. 해마는 건조시켜 먹으면 무기력한 남성이 기력을 회복할 수 있게 해준다고 한다. 1년에 약 1억 5000만 마리를 잡아먹을 정도로 해마에 대한 사람들의 관심은 어마어마했다. 인삼 등 신장과 생식기에 좋은 식물도 당연히 많다. 생강은 테스토스테론의 분비를 자극해 생식 활동을 자극한다. 카리브해 지역에서 자라는 등대풀은 실제로 그 효능이 증명되지는 않았지만 최음제로 많이 사용되었다.

서양에서도 예외는 아니다. 19세기에는 한 생리학자의 실험이 신문의 헤드라인을 장식한 바 있다. 70대 의사 샤를에두아르 브라운세카르Charles-Édouard Brown-Séquard는 콜레주드프랑스에서 실험의학 강의를 하던 1889년 어느 날, 정력이 떨어진 것 같은 느낌에 개와 기니피그의 고환에서 추출한 물질을 자신에게 주입했다. 왠지 정력이 되살아난 것 같은 효과를 느꼈고, '세카딘Séquardine'이라는 이름으로 시럽 형태의 물약을 만들어 판매하기로 했다. 그러나 당시 과학계는 그의 실험 결과를 일종의 플라시보 효과로 여기며 위약이라고 간주했다.

1895년, 미국 포틀랜드의 샌든Sanden 박사는 혁신적인 기술 광고를 냈다. 바로 전기 벨트나 침대를 이용한 음경 전기 충격기였다! 그 광고에는 "미국에서만 수천 명을 치료한 샌든 박사의 만능 전기벨트!"라는 문구와 함께, "수면 중 착용으로 밤사이 당신을 치료합니다"라고 적혀 있었다. 이러한 모든 도구는 신경쇠약, 정액 부족, 발기부전, 남성성 저하, 류머티즘, 복통, 신장 통증, 신경과민, 불면증, 기억력 저하 등 전반적으로 건강 상태가 악화되거나 고통받는 남성들을 위한 것이었다. 이외에 진공 펌프 장치도 있었다. 1874년 미국의 존 킹John King 박사가 만든 일명 '페니스 펌프'는 진공관에 음경을 삽입한 뒤 펌프질을 통해 혈액을 음경으로 모아 발기 상태로 만들어주는 기계였다. 페니스 펌프는 오늘날에도 음경의 혈액 흐름을 늦추고 발기 시간을 늘려주는 데 쓰이는 콕링과 같은 용도로 사용된다.

그러던 어느 날 파란색 작은 알약의 탄생과 함께, 발기부전 치료는 큰 발전을 이루었다. 비아그라는 원래 협심증 치료제(약품명 UK-

92480)로 개발된 것이었다……!

1980년대 후반, 영국의 임상연구원이던 이언 오스텔로Ian Osterloh는 화이자의 야심 찬 제약 프로젝트에 참여했다. 1849년에 설립된 화이자는 장내 기생충을 없애기 위한 식품 첨가물을 만드는 것으로 유명했다. 영국 켄트 동남부 해안의 작은 마을 샌드위치에 위치한 화이자의 한 연구소에서는 1986년부터 고혈압 치료제 개발에 박차를 가했다. 혈류를 촉진시키는 효소인 포스포디에스테라제PDE를 억제해 근육의 이완을 유발하는 분자를 사용하는 것이 목표였다. 그러나 포스포디에스테라제가 야기하는 효과는 너무 많았다. 더구나 100개 이상의 다른 분자가 포함되어 있어 총 11가지의 결과가 예상되었다. 약물의 부작용을 제한하기 위해 단일 유형의 포스포디에스테라제를 억제할 수 있는 특성 분자를 밝혀내는 것이 관건이었다.

1988년에 화이자 연구원들은 포스포디에스테라제의 제5효소(PDE5)를 차단할 수 있는 분자를 발견했다고 생각했다. PDE5는 혈관, 해면체(음경이나 음핵을 이루는 발기조직), 기관지, 식도, 혈소판, 중추신경계 등 다양한 장기에 존재하는데, PDE5 억제제인 실데나필 시트르산염sildenafil citrate(약품명 UK-92480)은 백색 분말 형태였다. 이언 오스텔로와 그의 동료들은 실데나필이 혈관을 확장시키고 혈전의 발생을 예방할 수 있다고 생각했다. 이듬해 초, 관상동맥의 혈류 감소로 인해 발생하는 협심증 치료제의 연구가 본격적으로 시작되었다.

1990년부터 1991년까지 실시된 첫 번째 실험에서 UK-92480은 임상실험 참가자의 혈관에 긍정적인 영향을 미쳤고, 협심증 치료제 연구는 성공하는 것처럼 보였다. 그러나 PDE5 억제 분자는 매우 제한된 시간 동안만 체내에 남아 있어 환자가 일관된 효과를 누리기 위해서는 하루에 세 번 복용해야 했다. 상대적으로 복용량이 많은 탓에, 임상실험 참가자 중 일부가 근육통을 호소하기 시작했다. 1992년 초, 웨일스에서 진행된 임상실험에서는 참가자들이 10일 동안 8시간마다 50mg의 실데나필을 복용했다. 참가자들은 복통과 허리통증, 다리통증의 부작용을 느꼈고, 그중 충격적인 부작용을 호소하는 사람들이 있었다. 실데나필을 복용하고 며칠 뒤 발기 현상이 나타났던 것이다!

이언 오스텔로는 한 인터뷰에서 "당시 화이자 연구원 중 그 누구도 이런 부작용이 발생할 것이라고 생각하지 못했습니다. 설령 알고 있었다 하더라도, 토요일 밤을 위해 수요일에 이 약을 먹을 사람이 누가 있겠습니까?"라며 당시 상황을 전했다.

UK-92480이 발기부전을 겪는 남성에게 희망을 줄 수 있는 치료제가 될 것이라고는 꿈에도 생각하지 못한 화이자 연구원들은 계속 협심증 치료제 개발 연구를 진행했다. 그러나 시간이 지날수록 발기 부작용을 호소하는 임상실험 참가자만 증가할 뿐이었다. 협심증 치료제 연구를 발기부전 치료제 연구로 방향을 전환하는 것도 충분히 고려할 만한 상황이었다.

앞에서 이야기했듯이, 발기부전은 새롭게 등장한 문제가 아니었다. 수천 년 동안 같은 문제로 고통을 겪는 남성들이 있었기 때문이다. 그동안은 심리적인 문제가 발기부전의 원인으로 알려졌지만, 당뇨병, 심혈관 질환, 고혈압 등 여러 질병이 원인이 될 수 있다는 결과가 밝혀지기 시작했다. 1990년대 초반에 나온 많은 연구가 발기부전 치료제 개발이 엄청난 시장성을 갖고 있다는 새로운 시각을 제시했다. 증상을 겪고 있는 남성들의 상당수가 여전히 의학적 조언을 구하는 것을 꺼려하고 있으나, 1994년 매사추세츠주에서 실시한 설문조사에 따르면 40~70세 남성 중 절반 이상이 다양한 정도의 발기부전을 겪는 것으로 나타났다.

또 발기가 일어나는 생화학적 과정에 관한 연구도 있었다. 원리대로라면, 발기란 음경에 존재하는 음경해면체와 요도해면체 내에 혈류가 증가해 음경 전체가 부풀어올라 커지고 딱딱해지는 현상이다. 이는 내분비계, 신경 및 혈관, 심리적 요소의 복잡한 상호작용에 따른 결과다. 이러한 연구를 통해 화이자 연구원들은 UK-92480이 음경의 혈관을 확장시켜 성적으로 흥분했을 때 나타나는 효과를 얻을 수 있다는 것을 알게 되었다. 협심증 치료제로서는 효과 없던 실데나필이 이제 발기부전 치료제 연구의 핵심으로 자리매김한 것이다.

1994년, 발기부전 치료제로서 UK-92480의 첫 번째 임상실험은 12명의 실험 참가자를 대상으로 진행되었다. 성기능에 장애를 겪는 남성에게 UK-92480을 복용하게 한 다음 에로영화를 틀어주고 장비를 통해 음경의 둘레 및 강도의 변화를 측정했다. 결과는 매우 고무적이었다! 단순한 플라시보 효과가 아닌, UK-92480 복용에 따른 음경의 온도 상승이 나타났기 때문이다.

연구는 더욱 철저하게 이루어졌다. 임상실험이 아닌 상황에서 단 한 알만 복용해도 과연 효과가 있을까? 참가자의 성관계에 개입하지 않고 그 효과를 정확하게 측정할 방법은 무엇일까? 고혈압, 당뇨병, 심장질환 등 만성질환으로 발기부전을 앓고 있는 사람들에게도 UK-92480이 효과 있을까?

당뇨병을 앓고 있는 남성을 포함해 영국, 프랑스, 노르웨이, 스웨덴에서 총 300명의 지원자를 대상으로 대규모 임상실험이 실행되었다. 복용량을 세 가지 유형으로 나누고 가짜 약만 복용하는 경우를 포함해 4주 동안 UK-92480 실험을 진행했다. 이언 오스텔로 박사는 "해당 분야 임상연구원들은 구강으로 복용한 약물이 음경의 혈관을 부분적으로 확장시킬 수 있을지 우려했지만 우리는 인내심을 가지고 지켜보았다"라며 당시 상황을 설명했다. 첫 번째 임상실험 결과가 비교적 긍정적이었지만, 화이자 연구원들은 실험의 최종 결과에 대해 불안감을 감추지 못했다. 이미 협심증 치료제 개발에 수백만 달러를 투자했음에도 제대로 된 결과물을 내놓지 못했기 때문이다.

비용이 많이 들어가는 임상실험이 계속 진행될수록 부담을 느끼는 화이자 연구원들과 마찬가지로, 이언 오스텔로는 실험의 타당성에 대한 질문을 끊임없이 제기했다. 대부분 환자가 플라시보 효과를 겪고 있는 것은 아닐까? 정량을 복용했을까? 성적 자극이 있을 때만 약이 효과를 발휘한다는 것을 미래 소비자들에게 어떻게 설명할까? 실험이 진행되는 동안 임상실험 참가자들은 질문지에 올바르게 답했을까? 질문지 내용은 충분히 명확했을까?

임상실험 통계 담당자들은 결과가 확실해지기 전까지 어떤 정보도 공유하지 않도록 철저히 주의했다. 이언 오스텔로는 "결과가 발표되기 전날, 통계 담당자들이 결과에 관해 어떤 사인이라도 줄까 봐 눈치를 살피던 것이 기억난다. 그러나 그들의 행동에서는 어떤 것도 추론할 수 없었다"고 말했다.

마침내 임상실험 결과가 나왔다. 그 결과는 모든 기대를 뛰어넘었다. UK-92480을 복용한 실험 참가자의 88%가 발기 능력이 향상되었고, 반면 가짜 약을 복용한 참가자들은 39%만이 향상된 것으로 나타났다. 참가자 대부분 부작용이 없었지만 극소수만이 근육통을 호소했다. 세밀하게 작성된 설문지 역시 일관된 결과를 보여주었다.

화이자의 임상실험 결과는 1996년 미국 비뇨기과학회의 연례회의에서 발표되었고, 학계의 엄청난 주목을 받았다. 화이자 연구원들은 이제 더 큰 규모의 모험을 시작할 준비가 되어 있었다. 임상실험의 성공에 힘입어, 화이자 연구소는 전 세계적으로 수천 명의 발기부전 환자를 대상으로 하는 장기간 임상실험에 수억 달러를 지원하기로 했다.

1995년부터 1997년까지 약 2년 동안 4500명을 대상으로 총 70건의 임상실험을 수행했다. 결과는 모두 성공적이었다. 고혈압 및 협심증 치료제를 만들기 위한 프로젝트 연구가 공식적으로 시작된 지 12년, UK-92480을 처음 만든 지 8년, 첫 번째 임상실험을 마친 지 4년 만인 1998년 3월, 미국 식품의약품안전청FDA은 실데나필의 시장 판매를 허가했다. 유럽에서는 1998년 9월, 판매가 시작되었다.

화이자의 마케팅 부서는 실데나필의 이름을 비아그라로 바꾸었다. 아무렇게나 지은 것이 아니다. '활력'을 뜻하는 'vigor'와 물의 힘찬 낙하가 일품인 나이아가라Niagara 폭포의 이름을 합쳐서 탄생한 것이다. 비아그라의 상업적 성공은 한마디로 눈부셨다. 공식적인 판매를 승인하지 않은 국가의 암시장에서 거래될 정도로 불티나게 팔렸다. 지금까지 비아그라를 복용한 남성은 3000만 명에 달하며, 화이자는 비아그라 덕분에 매년 약 20억 달러를 벌어들이고 있다.

비아그라의 발명은 세렌디피티의 가장 본연의 의미와 일맥상통한다. 즉, 예기치 못한 사건으로 인해 알고자 하던 것과 완전히 다른 무언가를 발견하게 되는 뜻밖의 상황에서 탄생한 것이기 때문이다. 일반적으로 의약품 개발 과정에서 발생하는 부작용으로 인해 세렌디피티적인 발견은 제약 산업 분야에서 자주 나타나는 편이다.

그 예도 매우 다양하다. 1772년 화학자 조지프 프리스틀리Joseph Priestley가 발견한 신기한 기체 아산화질소는 마취제로 사용된다. 시스플라틴Cisplatin은 1844년 이탈리아의 화학자 미켈레 페이로네Michele Peyrone가 처음 합성한 물질로, 항암제로 쓰인다. 화학자 폴 겔모Paul Gelmo는 1909년에 항균 약물인 프론토질의 분자를 최초로 합성했으며, 1950년대에 약사 레오 슈테른바흐Leo Sternbach는 신경안정제 벤조디아제핀을 처음 발견했다.

이 모든 사례는 오늘날 직원과 연구원 사이의 자유의지를 최대한

으로 제한하면서 고비용, 고도의 계획된 연구를 수행하는 제약 산업의 구조를 비판한다. 제약 분야에서는 오히려 연구 중에 만난 우연이 때때로 성공의 길로 인도하기도 한다!

# 맺음말

네덜란드의 펙 판 안델 박사에 따르면, 네덜란드 학자들 사이에 전해지는 전통이 하나 있다. 금요일 오후가 되면 명상을 하고, 진행 중인 연구를 잠시 멈추어 세렌디피티의 기쁨에 빠져보는 시간을 갖는 것이다. 일반적인 과학 연구 세계의 흐름과 다른 독특한 전통인 것은 분명하다. 어쨌든 프랑스에서도 이런 움직임은 보기 어려우니 말이다.

최근 프랑스에서는 몇 년 전부터 정치인, 사업가, 지식인 할 것 없이 언론에서 반복적으로 회자되는 두 가지 말이 있다.

첫째는 '혁신'이라는 신기한 단어다. 우리가 새로운 도구의 사용법을 익히고 달라진 생활방식에 적응하는 속도만큼이나 빠르게 변하는 요즘 같은 세상에서는 그 누구도 뒤처지길 원하지 않는다. 혁신이란 일반화된 거대 경쟁 속에서 조금 특별해 보일 수 있는 일종의 부가가치를 보장해주는 마법 같은 말이다. 기술적 혁신, 디지털 혁신, 점진적 혁신, 지속적인 혁신, 혁신적인 파괴까지……. 어디에서든 마구잡이로 쓰이는 이 단어의 의미적 경계는 너무나 모호한데, 혁신을 우선순위로 하는 기업들은 정책적으로 지원을 받는다.

둘째는 높은 경쟁력을 갖춘 기초과학 연구 분야를 발전시켜야 한다는 이야기다. 그런데 조금 이상하게, 기초과학자들의 입지는 존경받는 동시에 조롱의 대상이 된다. 최근 몇 년 동안 다소 폭력적인 질문에 시달리는 격변의 시기를 겪기도 했다. 샤를 드골Charles de Gaulle 프랑스 전 대통령의 말에서처럼(잘못 전해진 탓도 있다), 기초과학자에 대한 날카로운 일침은 무수히 많다. "우리는 무언가 찾고자 하는 연구자를 찾는다. 무언가 발견한 연구자 또한 우리는 원한다." 이 말에 숨은 뜻은 무엇일까? 아마도 대부분 연구자가 그저 국가 경영과 경제에 유익한 것만 생각하며 게으름 피운다는 말이었을 것이다.

2009년 1월, 니콜라 사르코지Nicolas Sarkozy 전 대통령도 프랑스의 과학자들을 향해 날카로운 비판의 말을 전한 바 있다. 그는 프랑스 대학의 총장들과 여러 연구기관의 임원들 앞에서 이렇게 말했다. "연구 예산에 대해 불편한 마음을 갖고 싶지 않습니다만, 프랑스 연구원이 영국의 연구원보다 논문을 30~50% 더 적게 발표한다고 합니다. 분명 듣고 싶지 않은 이야기겠지요. 아무튼 그래도 이 자리에 와 주셔서 감사합니다. 왠지 강렬한 불빛에 더위가 느껴지네요. (…) 연구가 부족하다는 것, 그것은 사실입니다. 만약 불편하게 느껴진다면, 제가 언급했기 때문은 아닐 겁니다. 부족하다는 것이 사실이기 때문이겠죠. 그러나 이는 우리가 마주해야 하는 진실입니다." 사르코지 대통령의 다소 냉소적인 이 발언은 겉으로 보기엔 다소 모호한 것 같다. 어떤 과학 분야에서 연구가 부족하다는 것인지 정확히 언급하지 않았고, 미국이나 영국에 비해 프랑스가 투자하는 연구 예산이 정확히 얼마나 부족한지에 대해서도 교묘히 언급을 피했기 때문이다. 하지만 그 사실보다 더 불편한 것은 연구원의 가치를 출간한 논문의 수로 따지고, 논문 작성이 곧 경력 발전이라고 믿으며, 논문 발표를 중심으로 한 학술 경쟁 체제를 옹호하는 태도였다. 논문 발표 과정에는 많은 비용이 든다. 학계에서 일종의 사업처럼 여기는 논문 발표는, 발견한 새로운 사실을 각 분야의 전문가들에게 반드시 알리고 평가받아야 한다. 이런 방식의 제도를 둘러싼 모든 논란 역시 잘 알려진 사실이다. 극도로 전문화된 과학 세계에서 논문은 첫 번째 여과장치로 효과적인 방법처럼 여겨졌다. 그러나 과학이 정해둔 경로를 벗어난 연구 결과를 평가하는 데는 제대로 활용되지 못하고 있다.

혁신과 기초과학 연구의 교차점에서 기초과학과 응용과학, 순수지식과 실용지식의 관계에 문제가 발생하고 있다. 대학들은 기업의 형태로 변모했고, 기업들은 논문 발표 후 회사로 눈을 돌린 젊은 박사들로 구성된 연구개발 팀을 조직했기 때문이다.

나 역시 회사에 취직하고 쉬는 날엔 과학 칼럼니스트로 활동하기 전까지 학술적인 과학 분야에서 공부하고 있었다. 그러면서 다양한 사례를 목격했다. 나는 우주에서 생산되고 입자가속기[15]를 이용해

---

15 전자나 양성자 같은 하전입자를 강력한 전기장이나 자기장 속에서 가속시켜 큰 운동 에너지를 발생시키는 장치.

지구에서 재생산된 불안정 물질인 외핵에 관해 연구한 핵물리학 논문을 썼다. 이후 혁신적인 제품을 발견해 스티브 잡스처럼 성공해 행운과 영광을 누리길 바라는 신생기업과 중소기업에 들어가서 일했다. 그리고 마침내, 남아프리카 프랑스령 기아나 우주센터에서 아리안 발사체를 쏘아 올린 위성 발사 회사 아리안스페이스Arianespace에 들어갔다. 수많은 다른 대형 회사처럼, 아리안스페이스와 그 협력사들은 새로운 경쟁자가 등장하는 국제 우주시장에서 경쟁력을 유지하기 위해 어떤 기술적 발전을 해야 하는가에 대해 고민하고 있다.

기초과학과 응용과학 사이에 생긴 빈틈을 바라보며, 인위적인 연결고리를 만들려고 하는 것은 아닌지, 아니면 진짜 의미가 숨어 있는지 궁금했다. 어떤 상관관계도 없고, 오히려 서로 반대인 것처럼 느껴지는 기초과학 연구와 혁신을 통합할 수 있는 것은 무엇일까? 모든 사람이 접근할 수 있는 지식을 찾고자 현실에 질문을 던지는 연구자와, 시장을 정복할 수 있는 신제품을 개발하고자 하는 연구자의 공통점은 무엇일까? 우리가 떠올릴 수 있는 대답은 바로 세렌디피티의 영역에서 찾을 수 있다. 기초과학이든 응용과학이든, 각 분야의 연구자 모두 예상치 못한 뜻밖의 순간, 세렌디피티를 만날 수 있다.

여기서 우리는 학술 분야에서 연구 예산이 책정되는 방법에 대해서도 다시 의문을 가질 수 있다. 연구비 지원은 연구자가 수행하고자 하는 실험의 이론적 정당성과 관련 있다. 핵물리학자가 찾고자 하는 것을 발견하기 위한 최적의 연구 조건에 놓여 있다는 사실을 증명하기만 한다면, 그리고 서류상으로 입증할 수만 있다면 입자가속기 활용에 필요한 지원을 받을 수 있다. 마찬가지로, 예상하는 우주 현상을 반드시 탐지할 것이라는 확실한 근거만 제시한다면, 관찰에 필요한 망원경을 제작할 시간과 비용을 제공받을 수 있다. 연구자들은 이러한 제약 속에서 실제 연구 활동에 투자해야 할 지식과 에너지를 갉아먹으며 그들의 연구 내용과 소요 시간을 계속 증명해야 한다. 이런 방식의 요구는 기업 내 연구개발 팀에서 더 심각한 수준이다. 확실한 것은 아무것도 없지만, 큰 목표에서 벗어나지 않는다는 확신만으로 '혁신적인' 제품을 개발할 방법을 제시해야 하는 것이다.

펙 판 안덜과 다니엘 부르시에Danièle Bourcier가 쓴 세렌디피티에 관한 저서 서문에는 이렇게 적혀 있다. "체계적이고 기본적인 연구 또는 응용연구, 그리고 세렌디피티는 상호 배타적이지 않다. 오히려 서로 보완하고 더 강화한다. 이론과 활용 측면에서, 혁신은 단 한 번의 계획이나 단 한 번의 세렌디피티만으로 이루어지지 않는다. 세렌디피티는 정해진 계획을 수행할 때 자연히 나타나는 법이다. 그러니 계획하라! 거창한 계획일 필요는 없다!

모든 발견은 그것을 발견한 사람의 개별적 특징과 관련 있다. 원칙대로라면 자연은 언제 어디서든 누구에게나 나타날 수 있다. 따라서 모든 사람은 자신도 모르는 사이 방사선의 증거를 발견할 수 있었을 것이다. 네안데르탈인의 뼈도 많은 사람이 발견할 기회가 있었을 것이고, 천연두 백신도 소 농장에서 일하던 사람들의 이야기에 좀 더 관심을 기울였다면 모든 의사가 발견할 수 있었을 것이다. 누구든지 과일 시장 바닥에 버려진 곰팡이 핀 멜론을 주워서 페니실린을 만들 수 있었을 것이다.

물론 이 모든 발견의 순간을 알아본 사람은 예상하지 못한 상황에 대응하고, 실수나 사고를 기회로 만드는 방법을 알고 있었으며, 알려지지 않은 길을 선택했다. 남편 에릭 에릭슨Erik Erikson의 연구 활동을 곁에서 함께한 캐나다의 심리학자 조앤 에릭슨Joan Erickson은 이렇게 말했다. "세렌디피티는 마법처럼 나타나는 것이 아니다. 이미 모든 곳에 준비되어 있다. 중요한 것은 행동이다. 위험을 감수하지 않고서는 결코 세렌디피티를 경험할 수 없다."

세렌디피티가 가진 최고의 힘은 다양한 분야에서 적용된다는 것이다. 1930년대 미국의 기자 프랭클린 애덤스Franklin Adams가 한 말이 있다. "내가 모은 정보 대부분은 무언가 찾으려는 순간에, 또 다른 것을 찾던 순간에 갑자기 나타났다." 따라서 역사학자도 언제든지 그의 연구 방향을 뒤엎을 새로운 증거를 발견하고 놀랄 수 있다.

알렉산더 플레밍이 그랬듯, 과학자 중에는 그들의 발견에서 증명할 수 없는 사실을 인정하고 더 탐구하려고 했던 사람들이 있다. 하지만 X선의 아버지 빌헬름 뢴트겐처럼 완벽하게 확립된 연구 계획을 바탕으로 했다는 것을 근거로, 실험 과정에서 나타난 우연의 중요성을 결코 인정하지 않은 과학자도 있다. 의도적인 것일까? 아니면 논리적이지 않은 사실들 사이에 논리적인 상관관계를 만들어 이야기를 다시 쓰고자 하는 인간의 자연스러운 욕구일까?

'운이 좋다'는 평가가 싫어서 세렌디피티를 부정하는 과학자도 종종 있다. 그들에겐 우연이나 행운, 사고를 인정하는 것이 개인의 품격은 물론, 전문가로서의 자질을 떨어뜨리는 것처럼 느껴지기 때문이다. 하지만 세렌디피티는 기술이고 재능이며 극소수의 사람만이 소유할 수 있는 능력이다. 시야를 가로막는 눈가리개를 벗어 던질 줄 아는 것, 그것이 바로 세렌디피티다!

# 참고문헌

## 미생물을 발견하다

J. R. Porter, 《Antony van Leeuwenhoek: Tercentenary of His Discovery of Bacteria》, *Bacteriological Reviews*, juin 1976, p. 260–269.

Nick Lane, 《The unseen world: reflections on Leeuwenhoek(1677) 'concerning little animals'》, *Philosophical Transactions of the Royal Society*, 6 mars 2015.

Anton van Leeuwenhoek, *Anton van Leeuwenhoek and His Little Animals*, Chapter 1: 《The First Observations on "Little Animals" (Protozoa and Bacteria) in Waters》 (Letters 6, 13, 13a, 18, 18b).

D. Bardell, 《The Role of Sense of Taste and Clean Teeth in the Discovery of Bacteria by Antoni van Leeuwenhoek》, *Microbiological Reviews*, mars 1982, p. 121–126.

## 천연두 백신을 개발하다

Dr Donald A. Henderson, 《La variole》, World Health Organization, WHO/SE/71.28.

Stefan Riedel, 《Edward Jenner and the history of smallpox and vaccination》, *Proc (Bayl Univ Med Cent)*, vol. 18, n° 1, janvier 2005, p. 21–25.

Alexandra Minna Stern et Howard Markel, 《The History of Vaccines and Immunization: Familiar Patterns, New Challenges》, *Health Affairs*, vol. 24, n° 3, mai 2005, p. 611–621.

Joseph McNally, 《Biography: A brief life of Dr Edward Jenner》, *Seminars in*

*Pediatric Infectious Diseases*, vol. 12, n° 1, janvier 2001, p. 81-84.

## 최초의 네안데르탈인을 발견하다

Stéphanie Muller et Friedemann Schrenk, *The Neanderthals*, Routledge, 2008.
Thomas Henry Huxley, *La place de l'homme dans la nature*, 1863.
Ralf W. Schmitz *et al.*, 《The Neandertal type site revisited: Interdisciplinary investigations of skeletal remains from the Neander Valley, Germany》, *PNAS*, vol. 99, n° 20, p. 13342-13347.

## 다이너마이트를 발명하다

《Alfred Nobel - Biography & Facts》, *Encyclopaedia Britannica*. https://www.britannica.com/biography/Alfred-Nobel.
Full Text of Alfred Nobel's Will, Paris, 27 novembre 1895.
Sven Tägil, 《Alfred Nobel's Thoughts about War and Peace》, Nobelprize.org, Nobel Media AB 2014. Web. 12 décembre 2017.
《Alfred Nobel - Life and Philosophy》, Nobelprize.org, Nobel Media AB 2014. Web. 12 décembre 2017.
《Alfred Nobel - His Life and Work》, Nobelprize.org, Nobel Media AB 2014. Web. 11 décembre 2017.

## 수수께끼의 분자, DNA를 발견하다

Ralf Dahm, 《Friedrich Miescher and the discovery of DNA》, *Developmental Biology*, n° 278, 2005, p. 274-288.
Ralf Dahm, 《Discovering DNA: Friedrich Miescher and the early years of nucleic acid research》, *Human Genetics*, vol. 122, n° 6, janvier 2008, p. 565-581.
Aurea Anguera Sojo *et al.*, 《Serendipity and the Discovery of DNA》, *Foundations of Science*, vol. 19, n° 4, novembre 2014, p. 387-401.
M. R. Pollock, 《The Discovery of DNA: An Ironic Tale of Chance, Prejudice and Insight》, *Journal of General Microbiology*, n° 63, 1970, p. 1-20.

## 미지의 광선, X선을 발견하다

Jean-Paul Zanter, 《Histoire de la découverte des rayons X》, *Bulletin de la Société des sciences médicales*, n° 2, 1999, p. 83.

Jean-Jacques Samueli, 《La découverte des rayons X par Röntgen》. http://journals.openedition.org/bibnum/714?lang=en.

《Wilhelm Conrad Röntgen Biographical》, *Nobel Lectures, Physics 1901-1921*, Amsterdam, Elsevier Publishing Company, 1967.

《Les rayons X. Et l'homme devient transparent》. http://www.irsn.fr/FR/connaissances/Nucleaire_et_societe/education-radioprotection/histoire/Pages/1-decouverte-rayons-X.aspx#.Wi-Wq53LRnA.

## 방사선을 발견하다

Jean-Louis Basdevant, professeur honoraire de l'École polytechnique,《Henri Becquerel: découverte de la radioactivité》, Bibnum, 2008. http://journals.openedition.org/bibnum/848.

René Bimbot, Institut de physique nucléaire Orsay, *La radioactivité: une decouverté exemplaire*, CNRS, 1996.

《Henri Becquerel – Biographical》, Nobel Lectures, *Physics 1901-1921*, Elsevier Publishing Company, Amsterdam, 1967.

## 기적의 약, 페니실린을 개발하다

《Alexander Fleming, Penicillin》, Nobel Lecture, 11 décembre 1945.

《The discovery and development of penicillin 1928-1945》, commemorative booklet produced by the National Historic Chemical Landmarks program of the American Chemical Society in 1999.

《Sir Alexander Fleming – Banquet Speech》, 10 décembre 1945.

Gwyn MacFarlane, *Alexander Fleming -The Man and the Myth*, Chatto & Windus, 1984.

### 전자레인지를 발명하다

《October 8, 1945: First Patent for the Microwave》, APS NEWS, vol. 24, n° 9, octobre 2015.

Otto J Scott, *The Creative Ordeal: The Story of Raytheon*, Atheneum, 1974.

Steven Tweedie, 《How the microwave was invented by a radar engineer who accidentally cooked a candy bar in his pocket》, *BusinessInsider*. http://www.businessinsider.fr/us how-the-microwave-oven-was-invented-by-accident-2015-4/.

### 환각제 LSD가 탄생하다

Albert Hofmann, *LSD, mon enfant terrible*, L'Esprit frappeur, 2003.

Craig S. Smith, 《Albert Hofmann, the Father of LSD, Dies at 102》, *The New York Times*, 30 avril 2008. http://www.nytimes.com/2008/04/30/world/europe/30hofmann.html.

### 빅뱅 이론의 첫 신호를 감지하다

Robert W. Wilson, 《The Cosmic Microwave Background Radiation》, Nobel Lecture, 8 décembre 1978.

《Arno Penzias – Biographical》, Nobelprize.org, Nobel Media AB 2014. Web. 12 décembre 2017. http://www.nobelprize.org/nobel_prizes/physics/laureates/1978/penzias-bio.html.

《Robert Woodrow Wilson – Biographical》, Nobel Lectures, *Physics 1971-1980*, Editor Stig Lundqvist, Singapour, World Scientific Publishing Co., 1992.

《Le rayonnement fossile du cosmos》, dossier CNRS. http://www.cnrs.fr/cw/dossiers/dosbig/decouv/xcroire/rayFoss/niv1_1.htm.

## 맥박처럼 깜박이는 펄서를 발견하다

APS NEWS,《February 1968: The discovery of Pulsars Announced》.

S. Jocelyn Bell Burnell,《Little Green Men, White Dwarfs or Pulsars?》, *The Annals of the New York Academy of Science*, vol. 302, décembre 1977, p. 685-689.

https://www.biography.com/people/jocelyn-bell-burnell-9206018.

## 노란 나비, 포스트잇이 탄생하다

https://www.3mfrance.fr/3M/fr_FR/post-it-notes/contact-us/about-us/.

Daven Hiskey,《Post-it Notes were invented by accident》, *Today I Found Out*, 9 novembre 2011.
http://www.todayifoundout.com/index.php/2011/11/post-it-notes-were-invented-by-accident/.

《The "Hallelujah moment" behind the invention of the Post-it note》, CNN.
http://edition.cnn.com/2013/04/04/tech/post-it-note-history/index.html.

Zach Lunderberg,《Art Fry, the Post-it Guy: Transforming a Prototype into a Worldwide Phenomenon》, septembre 2014, University of Minnesota Duluth.

## 남성들의 희망, 비아그라가 탄생하다

《How I discovered Viagra, Ian Osterloh》, *COSMOS The Science of Everything Biology*, 27 avril 2015.

Michele M. Ciulla et Patrizia Vivona,《PDE5 Inhibitors, Erectile Dysfunction and beyond: How, Sometimes, Indications are the Consequences of Marketing Strategies and/or Serendipity》, *JSM Sexual Med*, vol. 2, n° 1, 2017, p. 1005.

T. A. Ban,《The role of serendipity in drug discovery》, *Dialogues Clin. Neurosci.*, vol. 8, n° 3, septembre 2006.